영재학급, 영재교육원,
경시대회 준비를 위한

창의사고력 초등수학
팩토

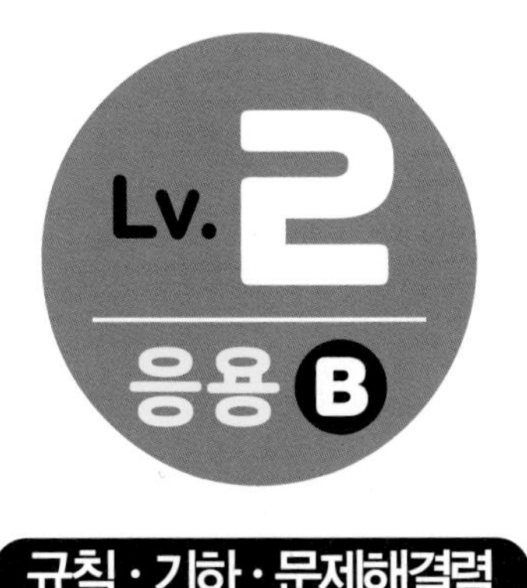

규칙 · 기하 · 문제해결력

"

서로 다른 펜토미노 조각 퍼즐을 맞추어
직사각형 모양을 만들어 본 경험이 있는지요?

한참을 고민하여 스스로 완성한 후 느끼는 행복은 꼭 말로 표현하지 않아도 알겠지요. 퍼즐 놀이를 했을 뿐인데, 여러분은 펜토미노 12조각을 어느 사이에 모두 외워버리게 된답니다. 또 보도블록을 보면서 조각 맞추기를 하고, 화장실 바닥과 벽면의 조각들을 보면서 멋진 퍼즐을 스스로 만들기도 한답니다.
이 과정에서 공간에 대한 감각과 또 다른 퍼즐 문제, 도형 맞추기, 도형 나누기 에 대한 자신감도 생기게 되지요. 완성했다는 행복감보다 더 큰 자신감과 수학에 대한 흥미가 생기게 되는 것입니다.

팩토가 만드는 창의사고력 수학은 바로 이런 것입니다.

수학 문제를 한 문제 풀었을 뿐인데, 그 결과는 기대 이상으로 여러분을 행복하게 해줍니다. 학교에서도 친구들과 다른 멋진 방법으로 문제를 해결할 수 있고, 중학생이 되어서는 더 큰 꿈을 이루는 밑거름이 되어 줄 것입니다.
물론 고민하고, 시행착오를 반복하는 것은 퍼즐을 맞추는 것과 같이 여러분들의 몫입니다. 팩토는 여러분에게 생각할 수 있는 기회를 주고, 그 과정에서 포기하지 않도록 여러분들을 도와주는 친구가 되어줄 것입니다.
자 그럼 시작해 볼까요?

"

Contents

Ⅰ 규칙

Ⅱ 기하

Ⅲ 문제해결력

구성과 특징

팩토를 공부하기 前 » 진단평가

1 매스티안 홈페이지 www.mathtian.com의 교재 자료실에서 해당 학년의 진단평가 시험지와 정답지를 다운로드 하여 출력한 후 정해진 시간 안에 풀어 봅니다.

2 학부모님 또는 선생님이 정답지를 참고하여 채점하고 채점한 결과를 홈페이지에 입력한 후 팩토 교재 추천을 받습니다.

팩토를 공부하는 방법

① 대표 유형 익히기

대표 유형 문제를 해결하는 사고의 흐름을 단계별로 전개하였고, 반복 수행을 통해 효과적으로 유형을 습득할 수 있습니다.

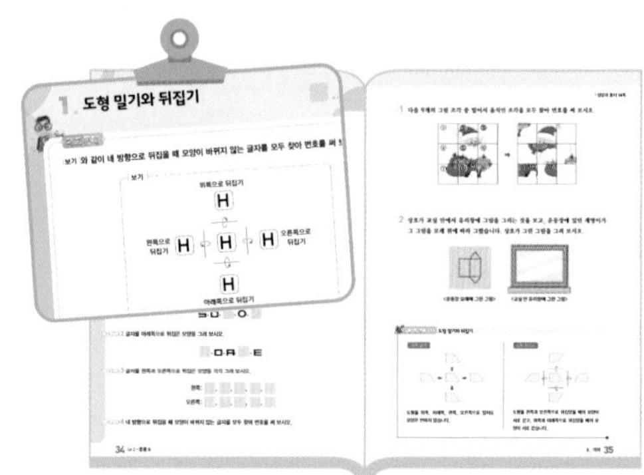

② 실력 키우기

유형별 학습이 가장 놓치기 쉬운 주제 통합형 문제를 수록하여 내실 있는 마무리 학습을 할 수 있습니다.

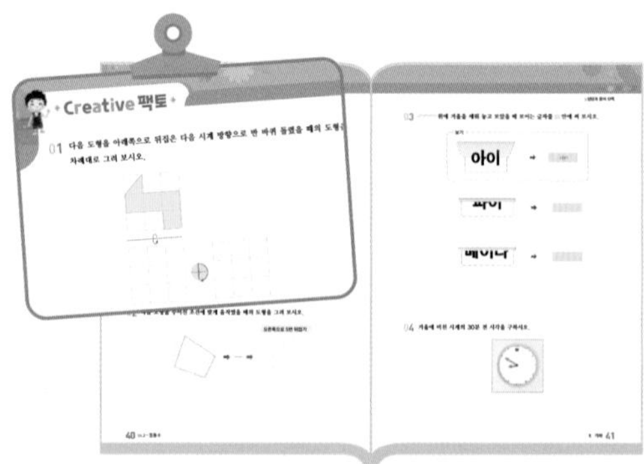

③ 경시대회 대비

각 주제의 대표적인 경시대회 대비, 심화 문제를 담았습니다.

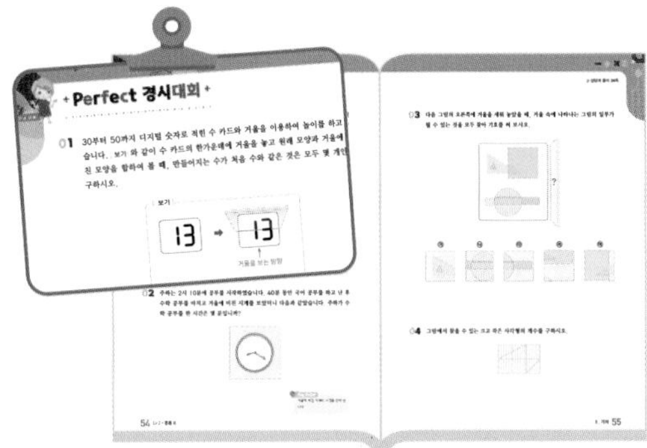

④ 영재교육원 대비

영재교육원 선발 문제인 영재성 검사를 경험할 수 있는 개방형·다답형 문제를 담았습니다.

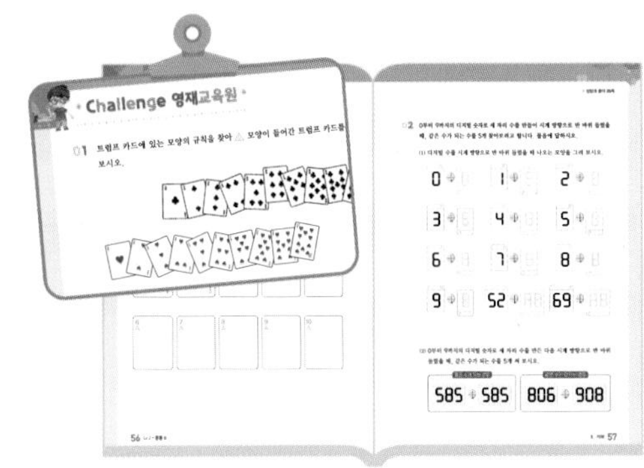

⑤ 명확한 정답 & 친절한 풀이

채점하기 편하게 직관적으로 정답을 구성하였고, 틀린 문제를 이해하거나 다양한 접근을 할 수 있도록 친절하게 풀이를 담았습니다.

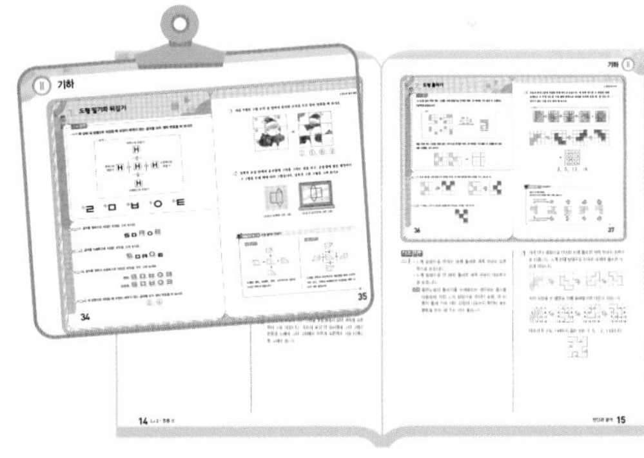

팩토를 공부하고 난 後 » 형성평가·총괄평가

1. 팩토 교재의 부록으로 제공된 형성평가와 총괄평가를 정해진 시간 안에 풀어 봅니다.
2. 학부모님 또는 선생님이 정답지를 참고하여 채점하고 채점한 결과를 매스티안 홈페이지 www.mathtian.com에 입력한 후 학습 성취도와 다음에 공부할 팩토 교재 추천을 받습니다.

I

규칙

학습 Planner

계획한 대로 공부한 날은 😀에, 공부하지 못한 날은 🙁에 ○표 하세요.

공부할 내용	공부할 날짜	확 인
1 이중 규칙	월 일	😀 | 🙁
2 회전 규칙	월 일	😀 | 🙁
3 수열	월 일	😀 | 🙁
Creative 팩토	월 일	😀 | 🙁
4 수 배열표	월 일	😀 | 🙁
5 암호 규칙	월 일	😀 | 🙁
6 약속셈	월 일	😀 | 🙁
Creative 팩토	월 일	😀 | 🙁
Perfect 경시대회	월 일	😀 | 🙁
Challenge 영재교육원	월 일	😀 | 🙁

1. 이중 규칙

대표 문제

규칙을 찾아 12째 번 구슬의 색깔과 그 개수를 구해 보시오.

STEP 1 구슬의 개수와 색깔이 반복되는 규칙을 찾아 빈칸을 알맞게 채워 보시오.

	1째 번	2째 번	3째 번	4째 번	5째 번	6째 번	7째 번	8째 번	9째 번	10째 번
개수	2	1								
색깔	분홍색	노란색								

STEP 2 STEP 1에서 규칙을 찾아 12째 번 구슬의 색깔과 그 개수를 구해 보시오.

01 규칙에 따라 옷을 입을 때, 10째 번 옷의 위, 아래 그림을 찾아 ○표 하시오.

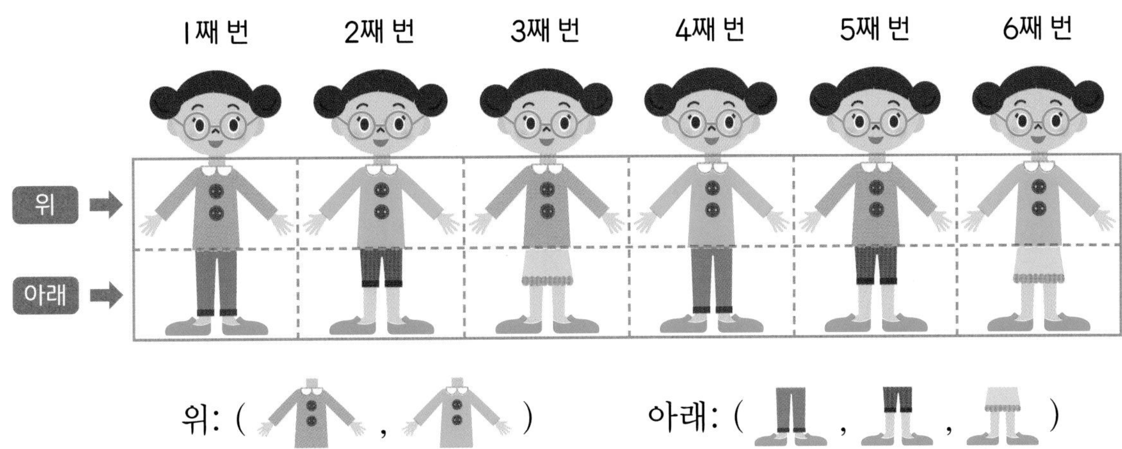

위: (,) 아래: (, ,)

02 다음과 같은 규칙에 따라 블록을 쌓아 나갈 때, 빈 곳에 쌓기 위해 필요한 주황색과 연두색 블록은 각각 몇 개인지 구해 보시오.

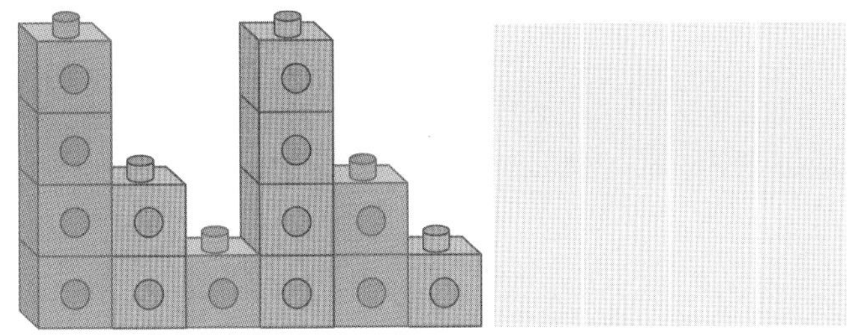

Lecture ··· 이중 규칙

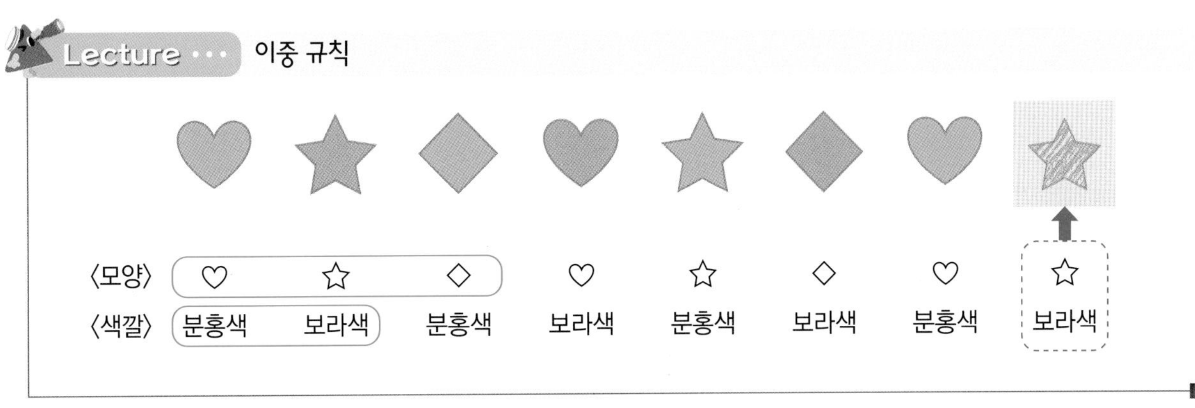

2. 회전 규칙

대표 문제

1씩 커지는 수를 보기 와 같은 규칙으로 원 안에 쓸 때, ㉮에 알맞은 수를 구해 보시오.

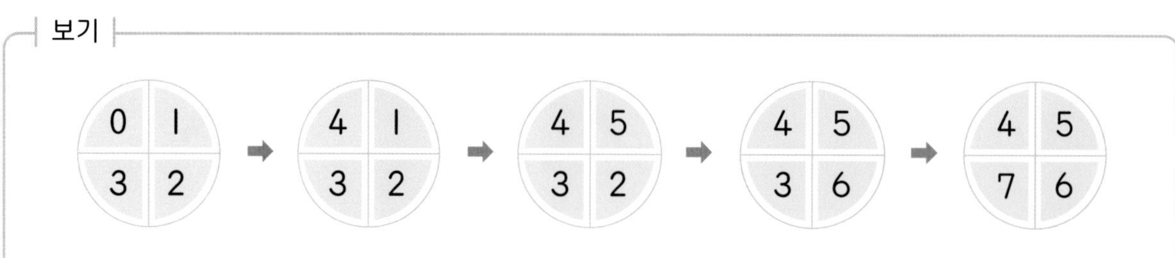

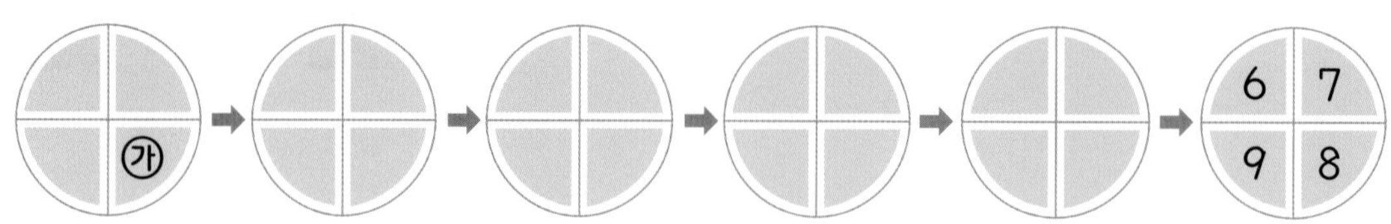

STEP 1 보기 에서 각 원의 가장 작은 수를 찾아 ○표 하시오. 이때 가장 작은 수의 위치와 수의 크기는 어떻게 변하는지 알아보시오.

위치: (시계 방향, 시계 반대 방향)으로 ☐ 칸씩 이동합니다.

수의 크기: ☐ 씩 (커집니다, 작아집니다).

STEP 2 STEP 1에서 찾은 규칙을 거꾸로 생각하여 다섯째 번부터 첫째 번까지 가장 작은 수를 써넣으시오.

6 7
9 8

첫째 번 → 둘째 번 → 셋째 번 → 넷째 번 → 다섯째 번 → 여섯째 번

STEP 3 STEP 2에서 써넣은 첫째 번의 가장 작은 수를 보고, ㉮에 알맞은 수를 구해 보시오.

㉮

01 규칙을 찾아 마지막 그림을 완성해 보시오.

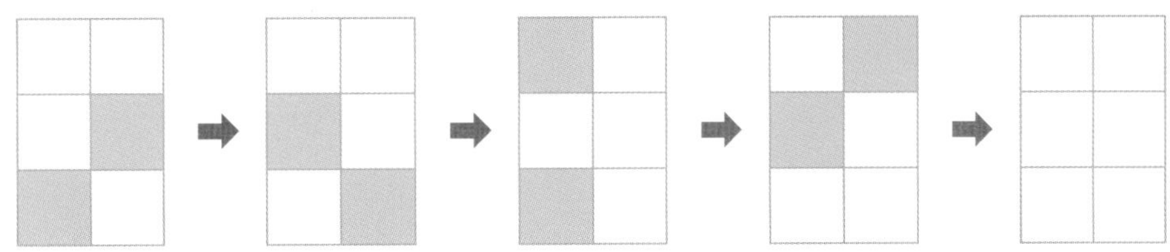

02 다음은 일정한 규칙에 따라 움직이는 모양입니다. 마지막 그림을 완성해 보시오.

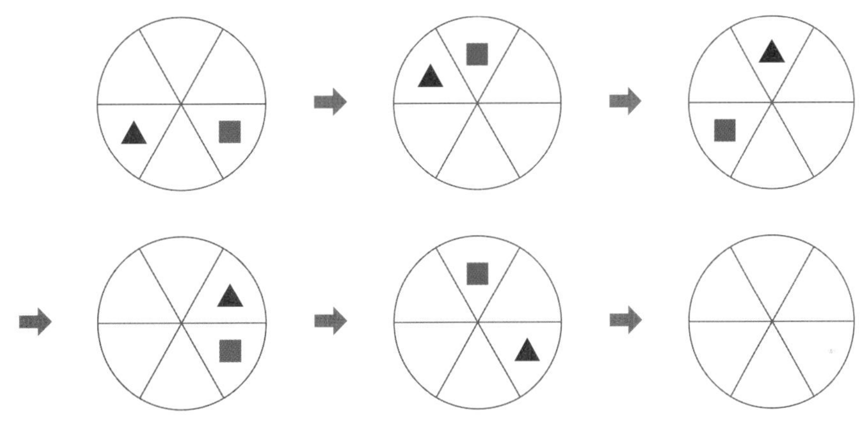

회전 규칙

모양이 시계 방향 또는 시계 반대 방향으로 일정한 규칙에 따라 회전하는 규칙을 회전 규칙이라고 합니다.

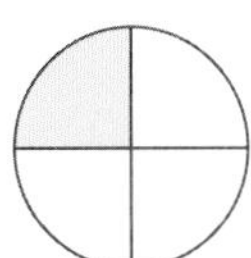
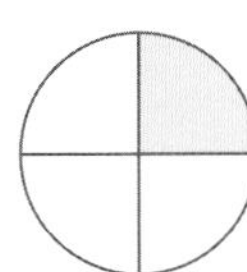
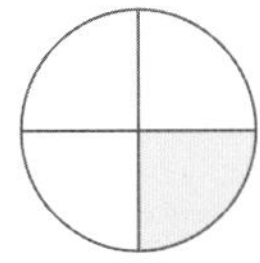
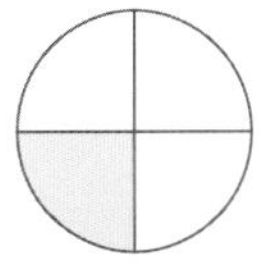
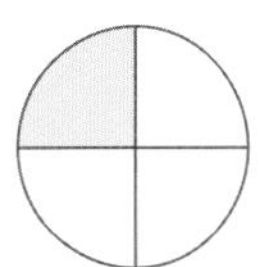

➡ (1 2 / 4 3) 라고 할 때, 색칠한 부분이 1 → 2 → 3 → 4의 순서를 반복하면서 이동합니다.

3. 수열

대표 문제

규칙을 찾아 ㉮, ㉯에 알맞은 수를 각각 구해 보시오.

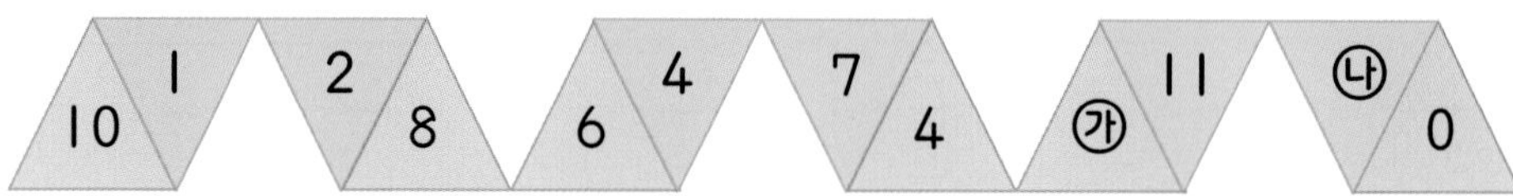

STEP 1 안에 알맞은 수를 써넣어 △ 모양에 쓰여진 수의 규칙을 찾고, ㉮에 알맞은 수를 구해 보시오.

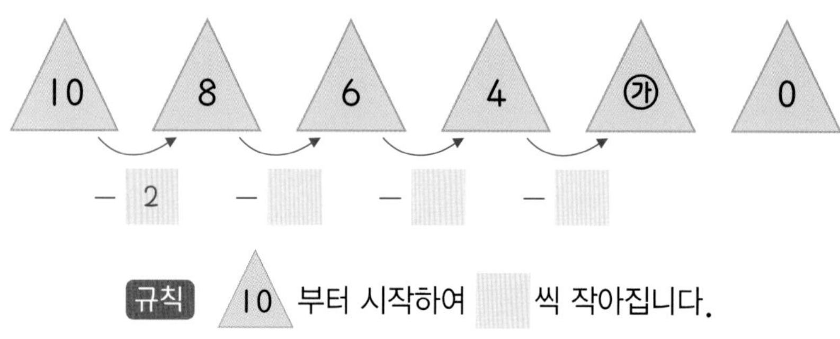

규칙 10 부터 시작하여 씩 작아집니다.

STEP 2 안에 알맞은 수를 써넣어 ▽ 모양에 쓰여진 수의 규칙을 찾고, ㉯에 알맞은 수를 구해 보시오.

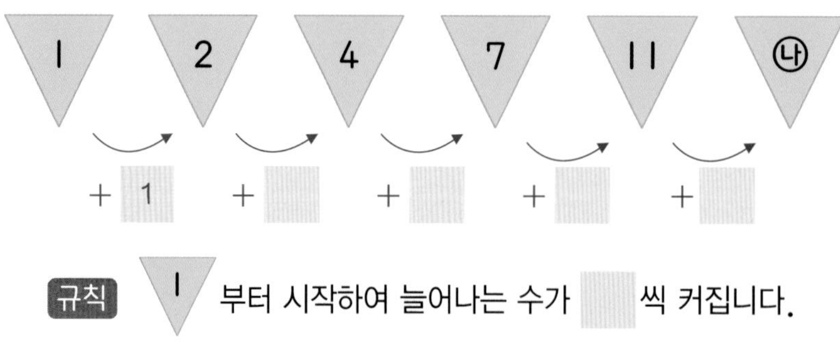

규칙 1 부터 시작하여 늘어나는 수가 씩 커집니다.

정답과 풀이 4쪽

01 규칙을 찾아 ▒ 안에 알맞은 수를 써넣으시오.

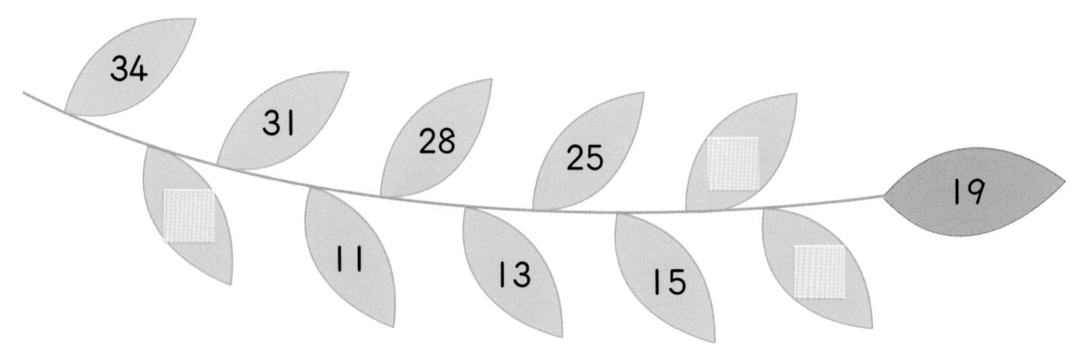

02 규칙을 찾아 ▒ 안에 알맞은 수를 써넣으시오.

12	15	18	21	24	27	▒

40	39	37	34	30	25	▒

수열

일정한 규칙에 따라 수를 늘어놓은 것을 수열이라고 합니다.

① 커지는 수가 일정한 수열

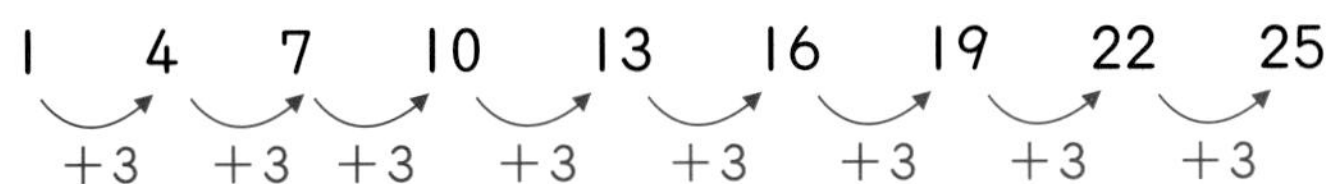

② 늘어나는 수가 일정하게 커지는 수열

Creative 팩토

01 구슬이 꿰어진 규칙을 찾아 ▒ 안에 알맞은 그림의 기호를 써 보시오.

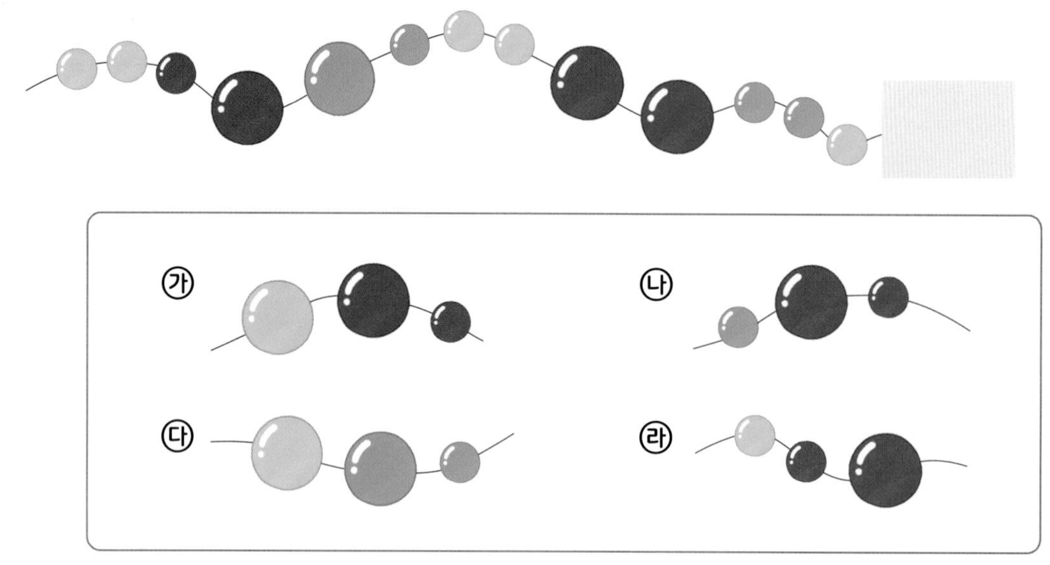

02 규칙을 찾아 마지막 그림을 완성해 보시오.

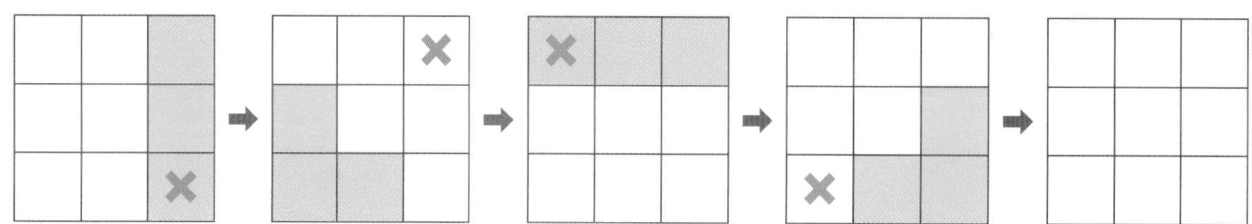

정답과 풀이 5쪽

03 규칙을 찾아 빈 곳에 알맞은 수를 써넣으시오.

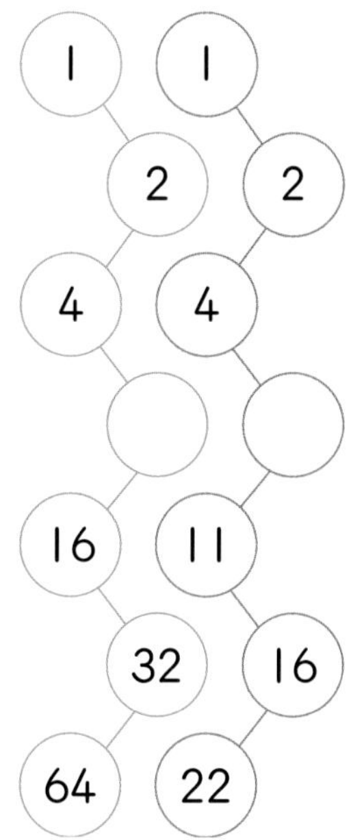

04 건포도가 들어간 무지개 떡이 있습니다. 6층까지 쌓은 떡의 모양이 다음과 같을 때, 9층 떡의 색깔과 건포도의 개수를 구해 보시오.

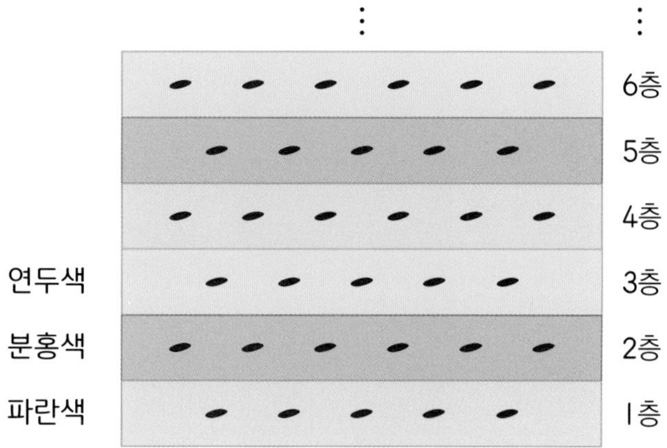

05 규칙을 찾아 마지막 그림의 빈칸에 ○, ● 모양을 알맞게 그려 넣으시오.

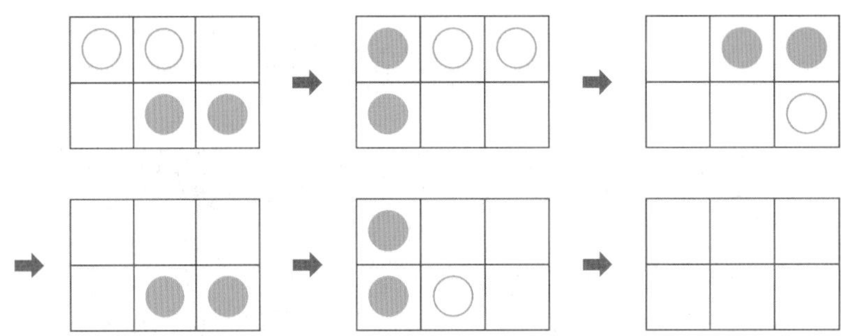

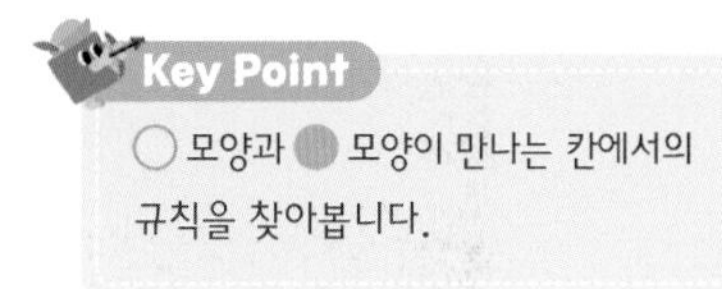

06 규칙을 찾아 ▒ 안에 알맞은 수를 써넣으시오.

2, 4, 8, ▒, 22, 32, 44, ▒ …

정답과 풀이 6쪽

07 다음은 주사위를 화살표 방향으로 한 칸씩 돌려서 놓은 것입니다. 넷째 번 모양에서 ㉮와 ㉯에 들어갈 눈의 수의 합을 구해 보시오.

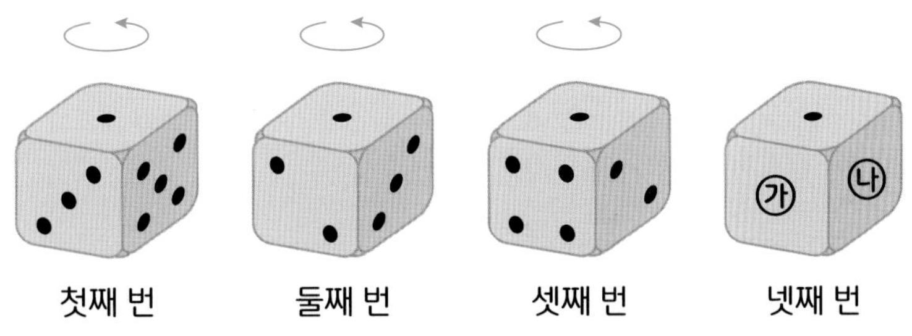

08 규칙을 찾아 ▒ 안에 알맞은 수를 써넣으시오.

1, 3, 2, 6, 4, 9, 7, 12, 11, 15, ▒ …

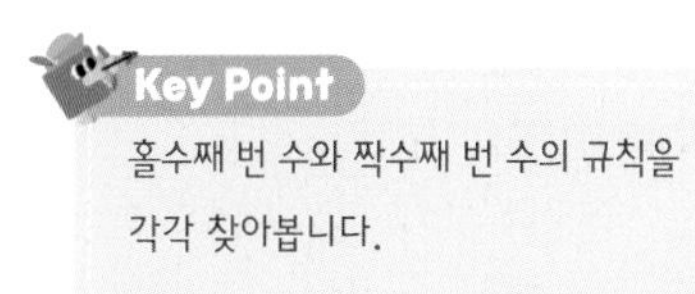

홀수째 번 수와 짝수째 번 수의 규칙을 각각 찾아봅니다.

4. 수 배열표

대표 문제

오른쪽 그림은 왼쪽 수 배열표의 일부분입니다. 수 배열표의 규칙을 찾아 ㉮, ㉯에 알맞은 수를 각각 구해 보시오.

1	2	3	4	5	6	7	8
9	10	11	12	13	14	15	16
17	18	19	20	21	22	23	24
⋮	⋮	⋮	⋮	⋮	⋮	⋮	⋮

		13			
	㉮				
					㉯

STEP 1 수 배열표의 규칙을 찾아 ☐ 안에 알맞은 수를 써넣으시오.

오른쪽 방향으로 ☐씩 커지고,

아래쪽 방향으로 ☐씩 커집니다.

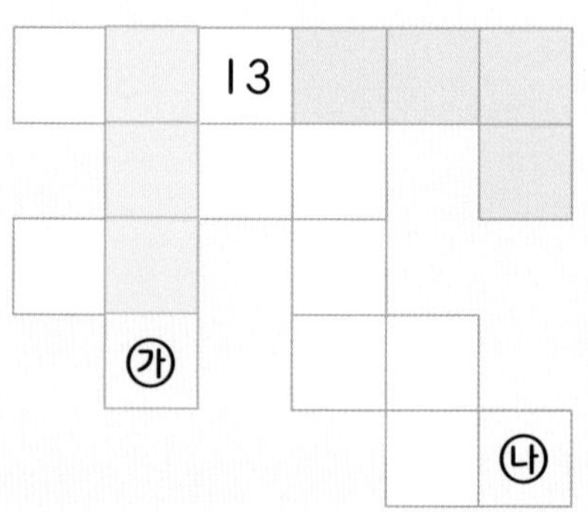

STEP 2 STEP 1에서 찾은 규칙을 이용하여 연두색으로 색칠된 칸에 알맞은 수를 써넣고, ㉮에 알맞은 수를 구해 보시오.

STEP 3 STEP 1에서 찾은 규칙을 이용하여 분홍색으로 색칠된 칸에 알맞은 수를 써넣고, ㉯에 알맞은 수를 구해 보시오.

01 오른쪽 그림은 왼쪽 수 배열표의 일부분입니다. 수 배열표의 규칙을 찾아 ㉮, ㉯에 알맞은 수를 각각 구해 보시오.

2	4	6	8
10	12	14	16
18	20	22	24
26	28	30	32
⋮	⋮	⋮	⋮

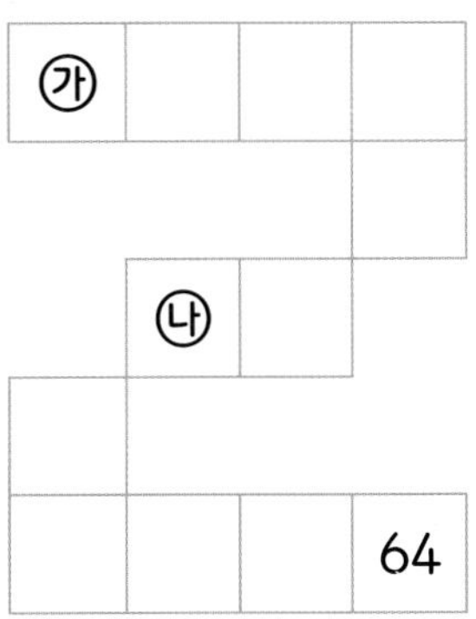

Lecture ··· 수 배열표

수 배열표의 가로, 세로, 대각선 방향으로 나열된 수에는 규칙이 있습니다.

1	2	3	4	5	6	7	8	9	10
11	12	13	14	15	16	17	18	19	20
21	22	23	24	25	26	27	28	29	30
31	32	33	34	35	36	37	38	39	40
41	42	43	44	45	46	47	48	49	50
51	52	53	54	55	56	57	58	59	60
61	62	63	64	65	66	67	68	69	70
71	72	73	74	75	76	77	78	79	80
81	82	83	84	85	86	87	88	89	90
91	92	93	94	95	96	97	98	99	100

① → 방향
1, 2, 3, 4, 5, 6, 7, 8, 9, 10
→ 1씩 커지는 규칙

② ↓ 방향
1, 11, 21, 31, 41, 51, 61, 71, 81, 91
→ 10씩 커지는 규칙

③ ↘ 방향
1, 12, 23, 34, 45, 56, 67, 78, 89, 100
→ 11씩 커지는 규칙

5. 암호 규칙

대표 문제

규칙을 찾아 마지막 모양이 나타내는 수를 구해 보시오.

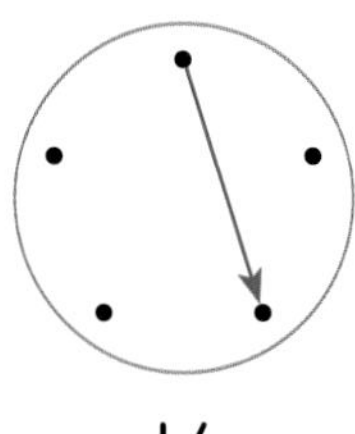

14

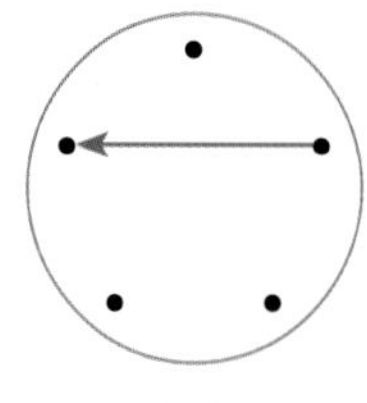

52

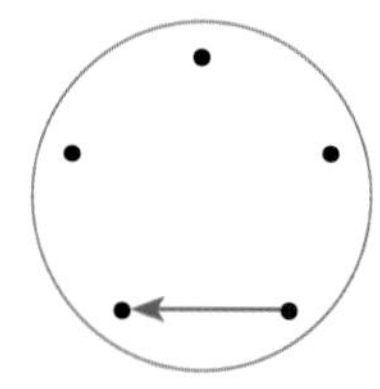

43

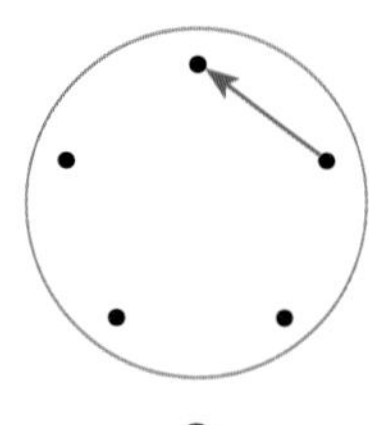

?

STEP 1 (1, 2, 3, 4, 5가 표시된 원)라고 할 때, 화살표의 규칙을 찾아 알맞은 말에 ○표 하시오.

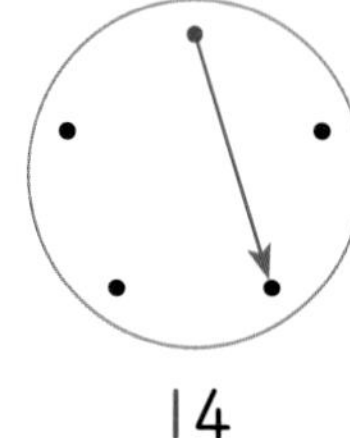

14

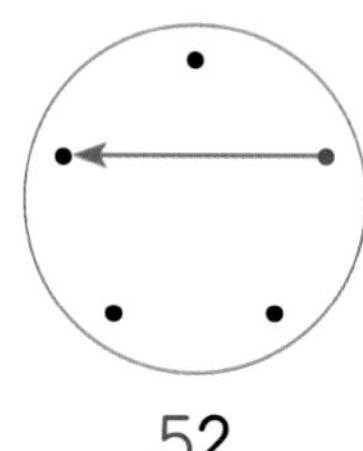

52

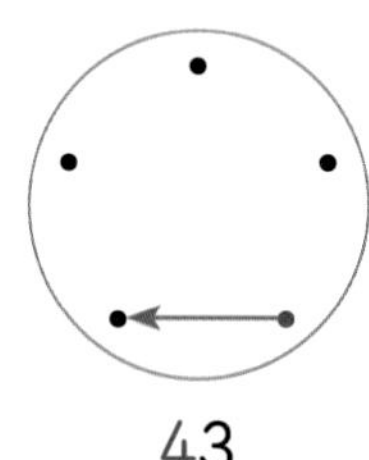

43

➡ 화살표의 시작점에 있는 숫자는 주어진 수의 (십, 일)의 자리 숫자입니다.

STEP 2 

라고 할 때, 화살표의 규칙을 찾아 알맞은 말에 ○표 하시오.

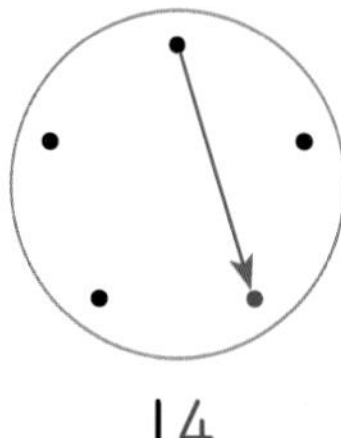

14

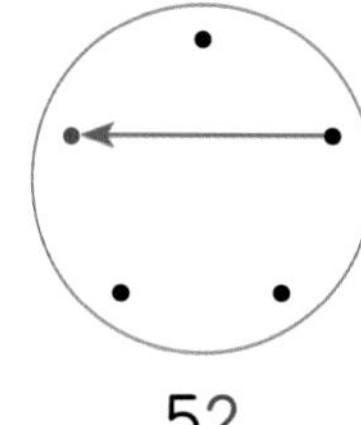

52

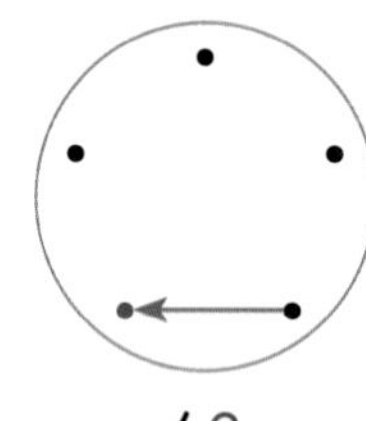

43

➡ 화살표의 끝점에 있는 숫자는 주어진 수의 (십, 일)의 자리 숫자입니다.

STEP 3 STEP 1과 STEP 2에서 찾은 규칙을 이용하여 마지막 모양이 나타내는 수를 구해 보시오.

정답과 풀이 8쪽

01 보기 에서 규칙을 찾아 ▒ 안에 알맞은 글자를 써넣으시오.

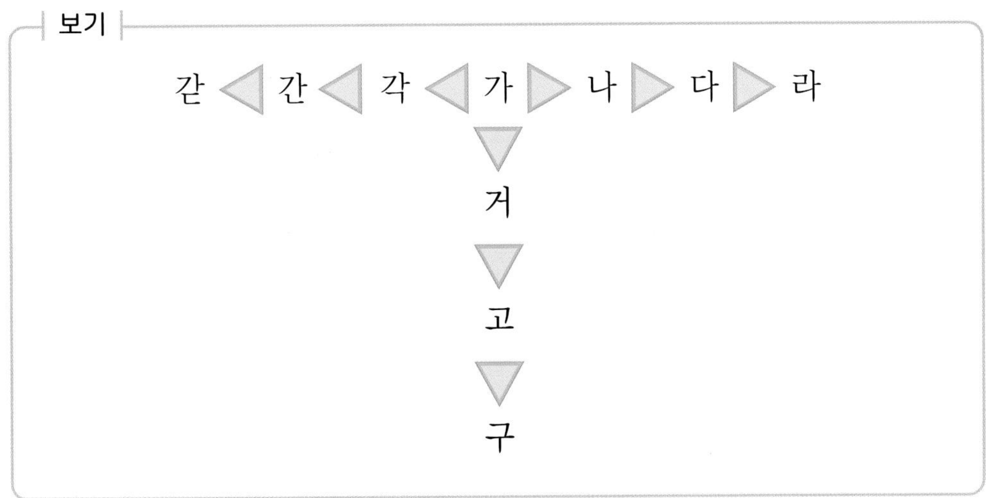

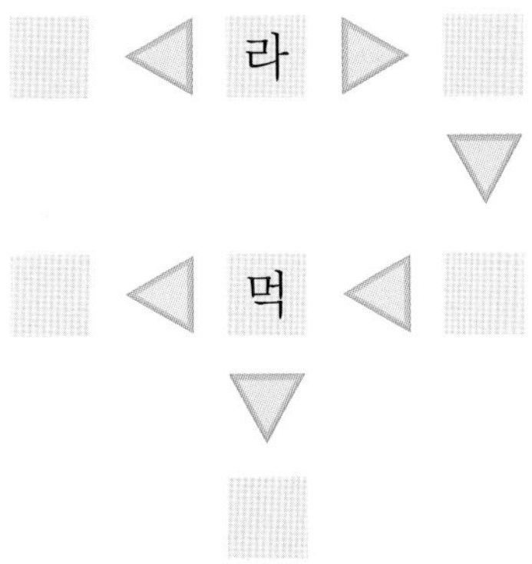

Lecture ··· 암호 규칙

수, 글자, 그림끼리 일정한 규칙으로 서로 바꿔서 암호로 사용할 수 있습니다.

암호	A	B	C	D	E	…
해독	ㄱ	ㄴ	ㄷ	ㄹ	ㅁ	…

암호	a	b	c	d	e	…
해독	ㅏ	ㅑ	ㅓ	ㅕ	ㅗ	…

DaEdB ➡ 라면

6. 약속셈

대표 문제

약속 을 보고 규칙을 찾아 3◎9는 얼마인지 구해 보시오.

약속

1 ◎ 3 = 3　　6 ◎ 5 = 2

2 ◎ 5 = 4　　7 ◎ 2 = 6

STEP 1 기호 ◎에 주어진 두 수의 합, 차, 곱을 구하여 표를 완성해 보시오.

약속
1◎3=3
6◎5=2
2◎5=4
7◎2=6

➡

주어진 두 수	두 수의 합	두 수의 차	두 수의 곱
1, 3	1+3=4	3−1=2	3×1=3
6, 5			
2, 5			
7, 2			

STEP 2 STEP 1에서 구한 합, 차, 곱의 결과에 어떤 수를 더하거나 빼면 약속 의 계산 결과가 나오는지 알아 보시오.

STEP 3 3◎9는 얼마인지 구해 보시오.

01 | 약속 |을 보고 규칙을 찾아 주어진 식을 계산해 보시오.

| 약속 |

3 ★ 1 = 5　　　8 ★ 4 = 13

2 ★ 7 = 10　　　3 ★ 3 = 7

2 ★ 6 = ☐　　　8 ★ 3 = ☐

02 ○안의 두 수와 ▭안의 수 사이의 규칙을 찾아 빈 곳에 알맞은 수를 써넣으시오.

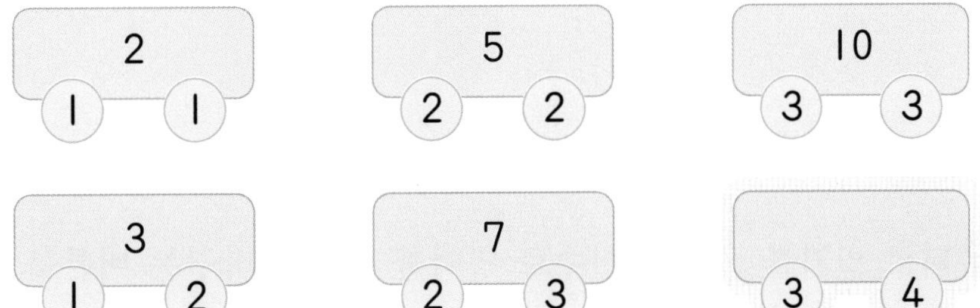

Lecture ··· 약속셈

새로운 기호나 도형을 사용하여 두 수의 연산을 약속하여 계산하는 것을 약속셈이라고 합니다.

| 약속 |

㉮ ♣ ㉯ = ㉮ − ㉯ + 1

㉮ ♣ ㉯ = ㉮ − ㉯ + 1
3 ♣ 1 = 3 − 1 + 1 = 3

㉮ ♣ ㉯ = ㉮ − ㉯ + 1
4 ♣ 3 = 4 − 3 + 1 = 2

* Creative 팩토 *

01 수 배열의 규칙을 찾아 빈칸에 알맞은 수를 써넣으시오.

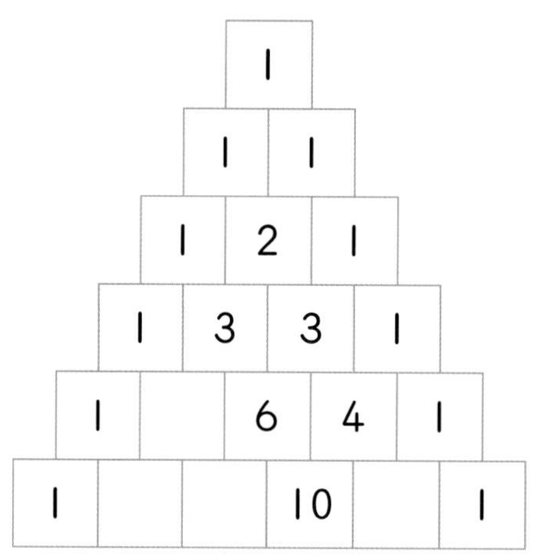

02 지후는 컴퓨터로 일기를 쓰다가 실수로 영어를 한글로 바꾸는 버튼을 누르지 않은 것을 알게 되었습니다. 다음 키보드 버튼을 보고 주어진 알파벳을 지후가 원래 쓰려고 했던 한글로 바꿔 보시오.

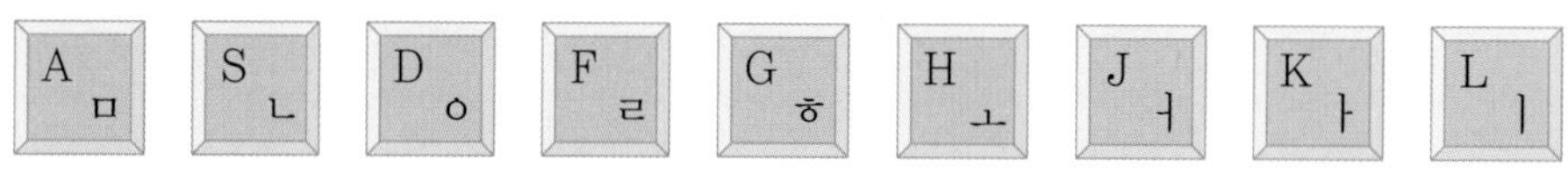

GHFKDDL GKS AKFL ➡

정답과 풀이 10쪽

03 도형 안에 쓰인 수가 약속 과 같은 규칙으로 바뀌어 나올 때, 안에 알맞은 수를 써넣으시오.

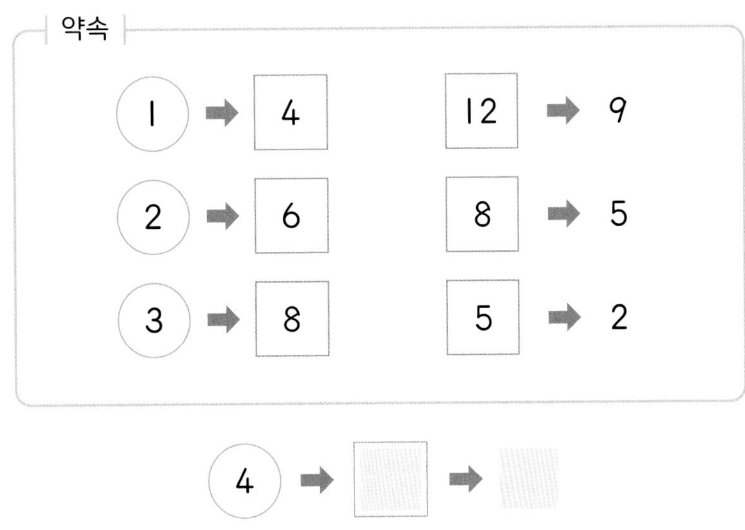

04 수 배열의 규칙을 찾아 색칠한 칸에 들어갈 수의 합을 구해 보시오.

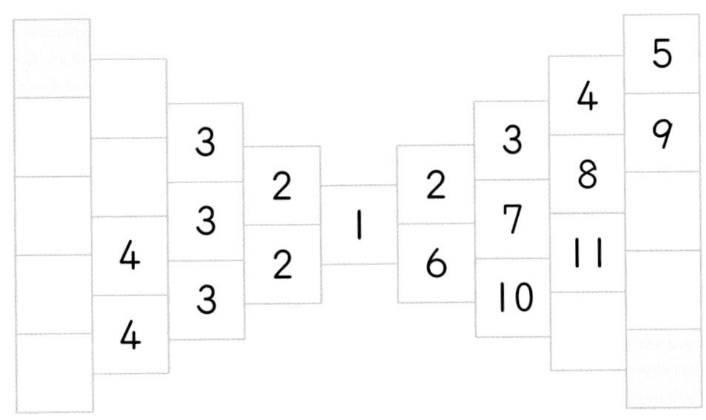

05 | 약속 |을 보고 규칙을 찾아 주어진 식을 계산해 보시오.

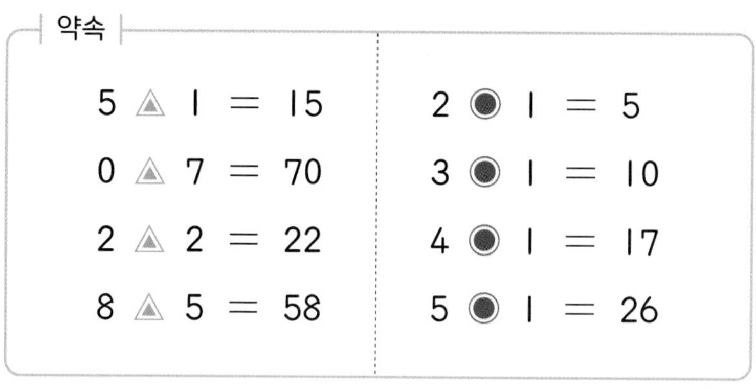

2 △ 9 = 　　　　　6 ● 1 =

06 오른쪽 그림은 왼쪽 곱셈구구표의 일부분을 나타낸 것입니다. 빈칸에 알맞은 수를 써넣으시오.

×	1	2	3	4	5	6	⋯
1	1	2	3	4	5	6	⋯
2	2	4	6	8	10	12	⋯
3	3	6	9	12	15	18	⋯
4	4	8	12	16	20	24	⋯
5	5	10	15	20	25	30	⋯
6	6	12	18	24	30	36	⋯
⋮	⋮	⋮	⋮	⋮	⋮	⋮	⋱

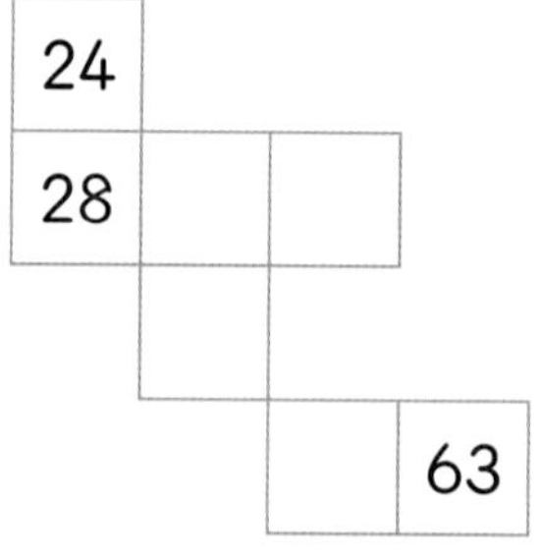

07 | 보기 |와 같이 영어 단어를 수 암호로 나타낼 수 있습니다. 물음에 답해 보시오.

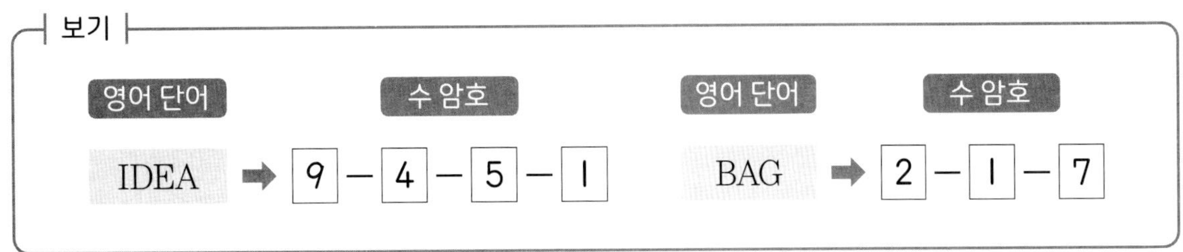

(1) 알파벳을 규칙에 맞게 옮겨 적으면 암호표를 만들 수 있습니다. 알파벳의 순서를 생각하여 표를 완성해 보시오.

수 암호	1	2	3	4	5	6	7	8	9
알파벳	A			D	E				I

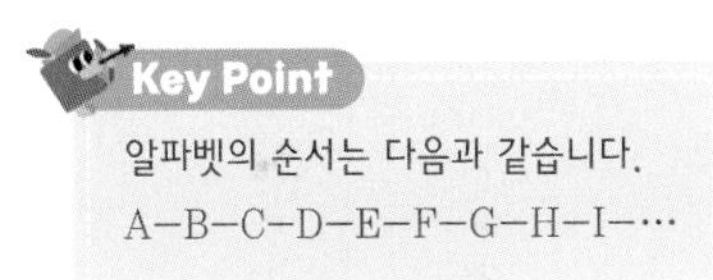

Key Point
알파벳의 순서는 다음과 같습니다.
A–B–C–D–E–F–G–H–I–···

(2) (1)에서 만든 암호표를 이용하여 ▭ 안에 알맞은 영어 단어를 써넣으시오.

영어 단어		수 암호
▭	➡	8 - 9 - 7 - 8
▭	➡	2 - 5 - 1 - 3 - 8

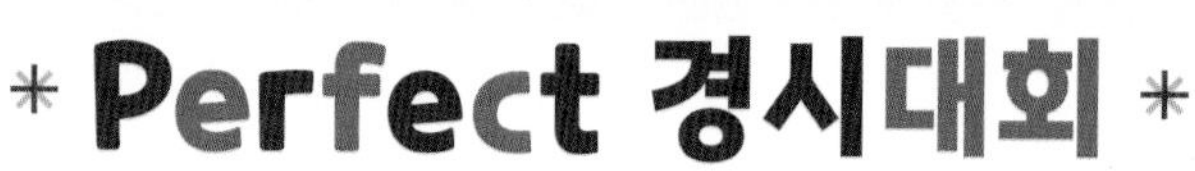

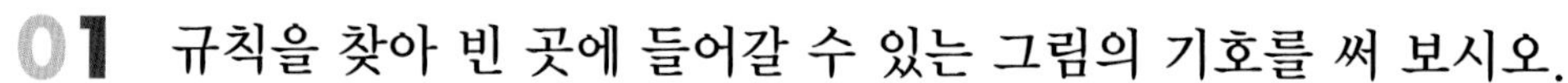

01 규칙을 찾아 빈 곳에 들어갈 수 있는 그림의 기호를 써 보시오.

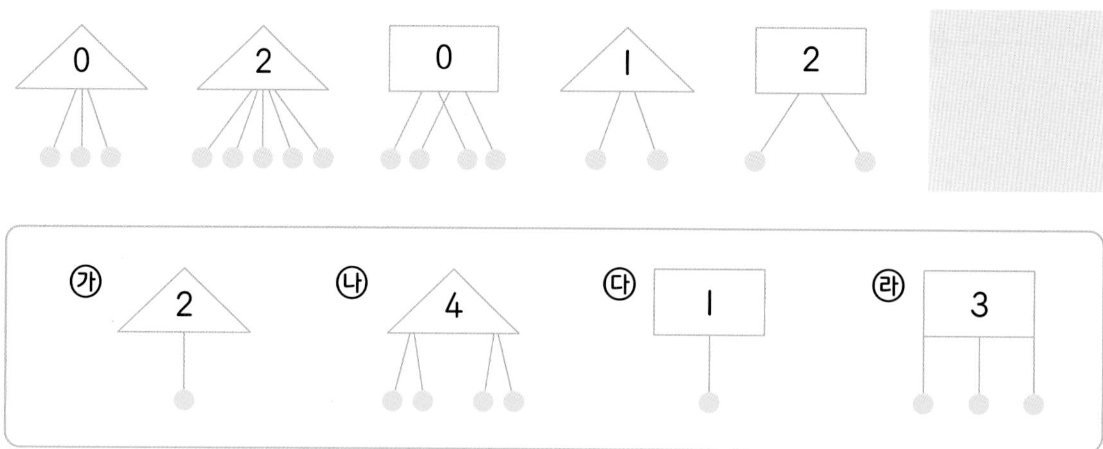

02 1부터 150까지의 수가 적힌 수 카드가 한 장씩 있습니다. 다음과 같은 규칙에 따라 수 카드를 늘어놓을 때, 늘어놓을 수 있는 수 카드는 몇 장인지 구해 보시오.

1 5 13 25 41 …

정답과 풀이 12쪽

03 곱셈구구표에서 분홍색으로 색칠한 부분은 가로줄과 세로줄에 있는 세 수의 합이 24로 같고, 가운데 오는 수는 8입니다. 같은 방법으로 색칠하였을 때, 가로줄과 세로줄에 있는 세 수의 합이 각각 60이면 가운데 오는 수는 무엇인지 구해 보시오.

×	1	2	3	4	5	…
1	1	2	3	4	5	…
2	2	4	6	8	10	…
3	3	6	9	12	15	…
4	4	8	12	16	20	…
5	5	10	15	20	25	…
⋮	⋮	⋮	⋮	⋮	⋮	⋱

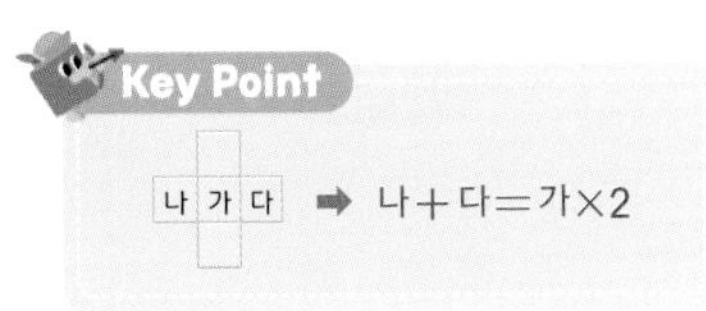

04 규칙에 따라 수를 늘어놓은 것입니다. 수를 30개 늘어놓았을 때, 늘어놓은 수들의 합을 구해 보시오.

1, 3, 0, 2, 1, 1, 3, 0, 2, 1, 1, 3, 0, 2, 1, 1⋯

✳ Challenge 영재교육원 ✳

01 암호를 해독판에 붙여서 해독해 보시오.

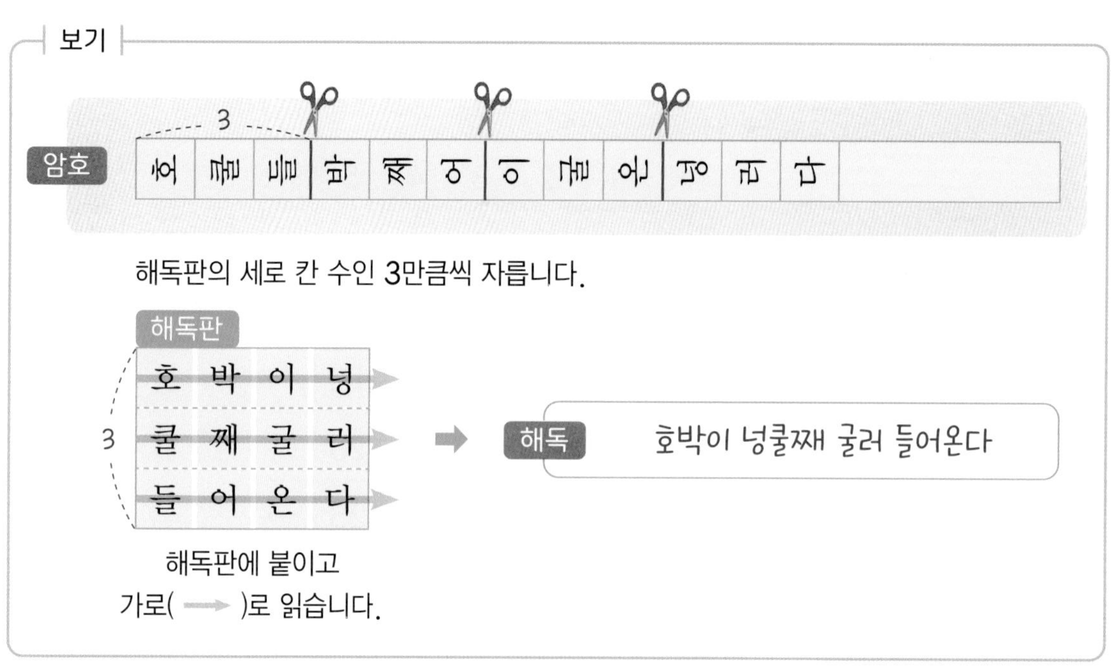

보기
3
암호
호
쿨
들
박
째
어
이
굴
온
넝
러
다
해독판의 세로 칸 수인 3만큼씩 자릅니다.
해독판
호 박 이 넝
쿨 째 굴 러
들 어 온 다
3
해독
호박이 넝쿨째 굴러 들어온다
해독판에 붙이고
가로(⟶)로 읽습니다.

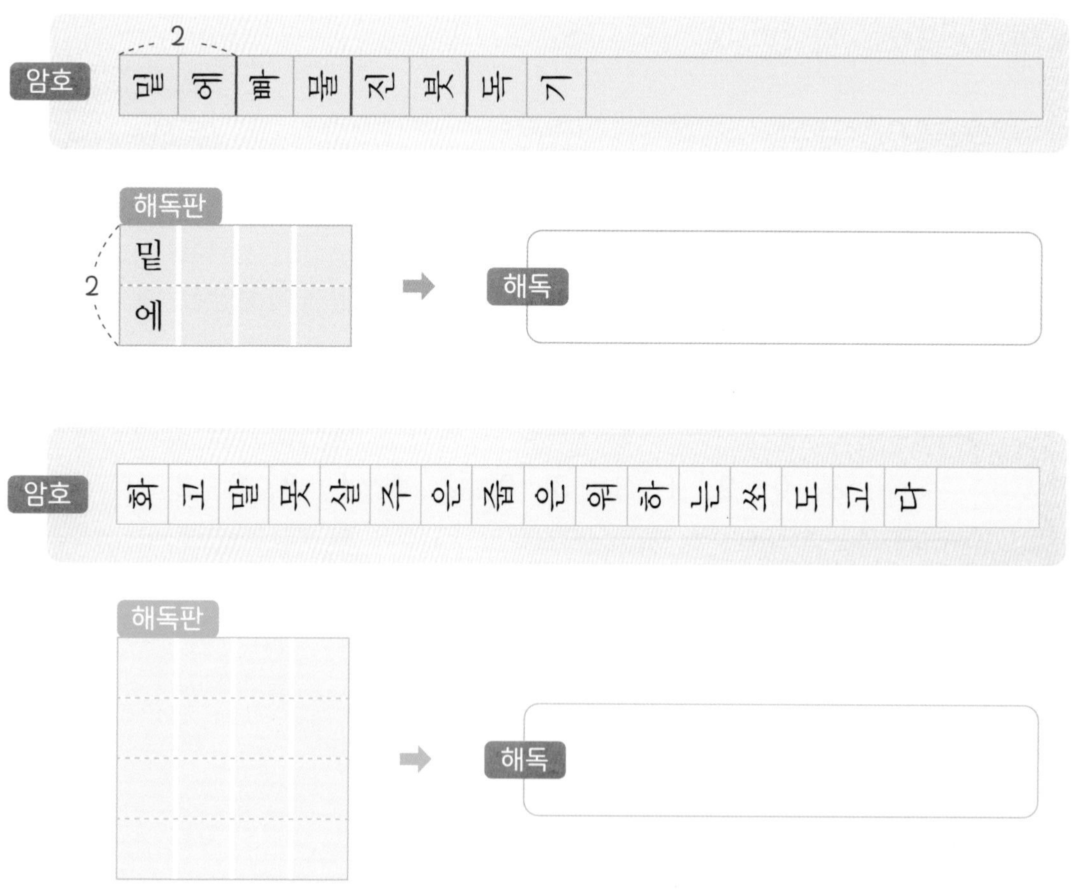

정답과 풀이 13쪽

02 그림 위에 곧은 선을 그어 곧은 선과 만나는 그림이 일정한 규칙을 가지도록 하려고 합니다. 각각의 규칙을 찾아 곧은 선을 4개 긋고, 그 규칙을 설명해 보시오.

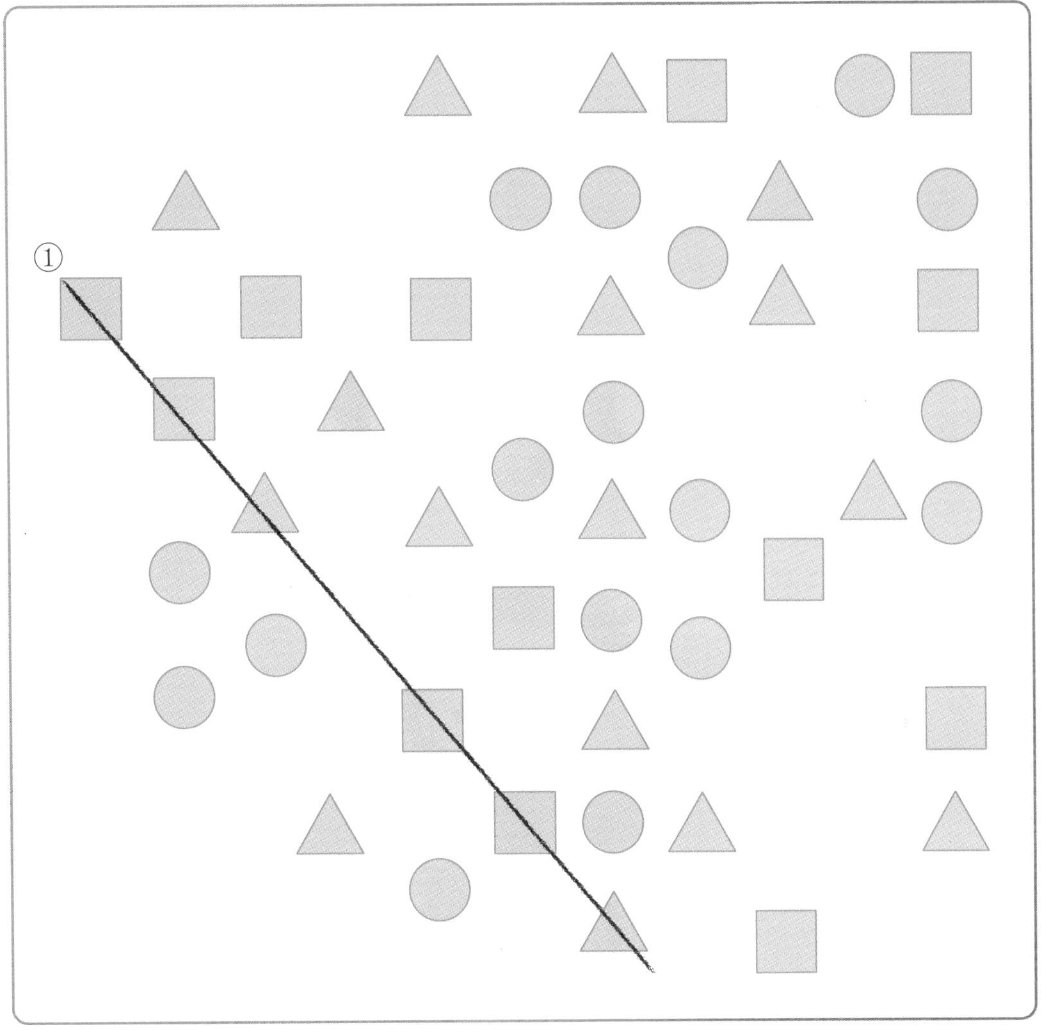

①의 규칙 □ □ △ 이 반복됩니다.

②의 규칙 이 반복됩니다.

③의 규칙 이 반복됩니다.

④의 규칙 이 반복됩니다.

Ⅱ 기 하

학습 Planner

계획한 대로 공부한 날은 😀에, 공부하지 못한 날은 🙁에 ○표 하세요.

공부할 내용	공부할 날짜	확 인
1 도형 밀기와 뒤집기	월 일	😀 | 🙁
2 도형 돌리기	월 일	😀 | 🙁
3 거울에 비친 모양	월 일	😀 | 🙁
Creative 팩토	월 일	😀 | 🙁
4 점을 이어 만든 도형	월 일	😀 | 🙁
5 조건에 맞게 도형 자르기	월 일	😀 | 🙁
6 찾을 수 있는 도형의 개수	월 일	😀 | 🙁
Creative 팩토	월 일	😀 | 🙁
Perfect 경시대회	월 일	😀 | 🙁
Challenge 영재교육원	월 일	😀 | 🙁

1. 도형 밀기와 뒤집기

대표 문제

|보기|와 같이 네 방향으로 뒤집을 때 모양이 바뀌지 않는 글자를 모두 찾아 번호를 써 보시오.

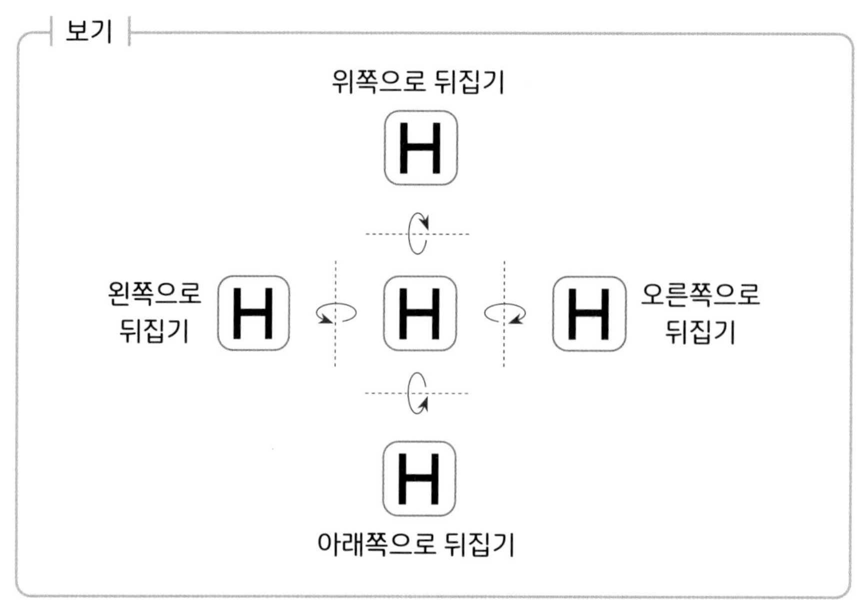

①  ②  ③  ④ ㅇ ⑤ ㅌ

STEP 1 글자를 위쪽으로 뒤집은 모양을 그려 보시오.

ㄹ, ㅁ, ☐, ㅇ, ☐

STEP 2 글자를 아래쪽으로 뒤집은 모양을 그려 보시오.

☐, ㅁ,  ☐, ㅌ

STEP 3 글자를 왼쪽과 오른쪽으로 뒤집은 모양을 각각 그려 보시오.

왼쪽: ☐, ☐, ☐, ☐, ☐

오른쪽: ☐, ☐, ☐, ☐, ☐

STEP 4 네 방향으로 뒤집을 때 모양이 바뀌지 않는 글자를 모두 찾아 번호를 써 보시오.

01 다음 9개의 그림 조각 중 밀어서 움직인 조각을 모두 찾아 번호를 써 보시오.

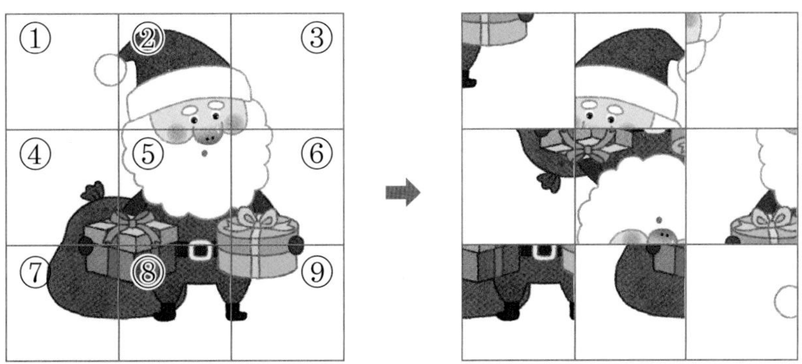

02 상호가 교실 안에서 유리창에 그림을 그린 것을 보고, 운동장에 있던 재영이가 그 그림을 모래 위에 따라 그렸습니다. 상호가 그린 그림을 그려 보시오.

<운동장 모래에 그린 그림>

<교실 안 유리창에 그린 그림>

Lecture ··· 도형 밀기와 뒤집기

도형 밀기

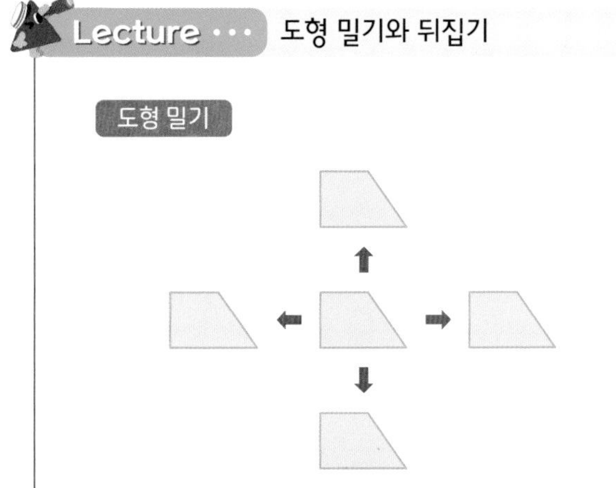

도형을 위쪽, 아래쪽, 왼쪽, 오른쪽으로 밀어도 모양은 변하지 않습니다.

도형 뒤집기

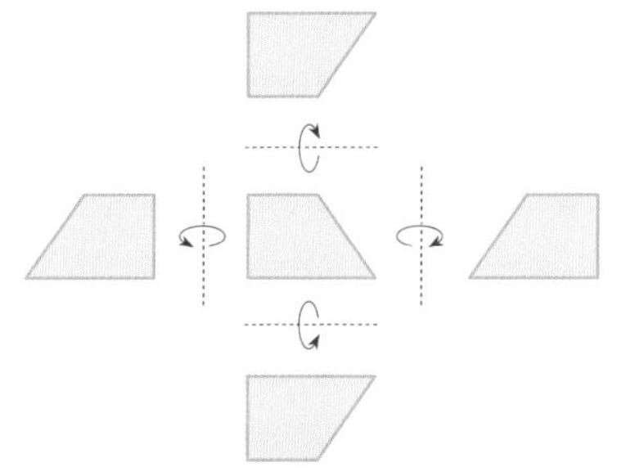

도형을 왼쪽과 오른쪽으로 뒤집었을 때의 모양이 서로 같고, 위쪽과 아래쪽으로 뒤집었을 때의 모양이 서로 같습니다.

2. 도형 돌리기

대표 문제

| 보기 |와 같이 투명 카드 2장을 시계 방향으로 반의반 바퀴, 반 바퀴를 각각 돌린 후 겹쳤더니 오른쪽과 같았습니다. 온라인 활동지

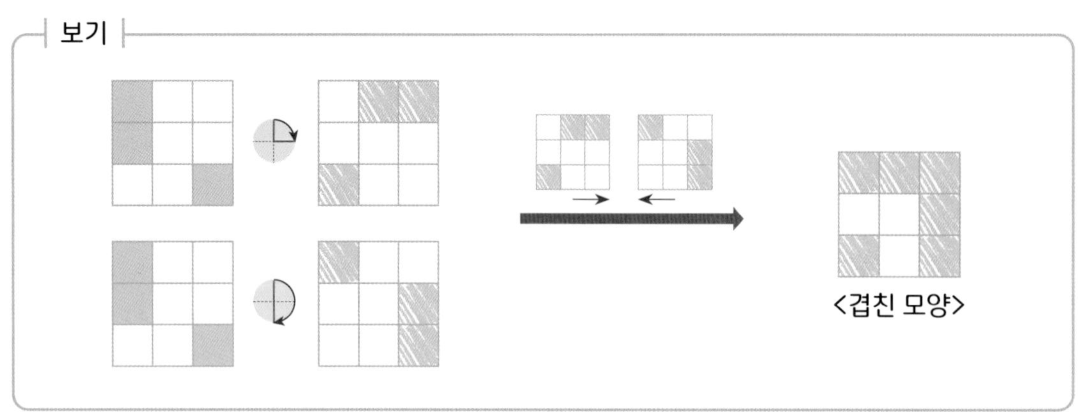

다음 투명 카드 2장을 위와 같은 규칙으로 반의반 바퀴, 반 바퀴를 각각 돌린 후 겹쳤을 때 나타나는 모양을 그려 보시오.

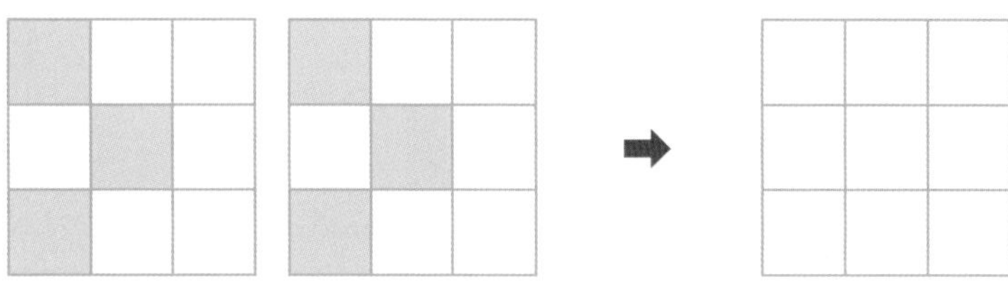

STEP 1 투명 카드를 시계 방향으로 반의반 바퀴, 반 바퀴 돌렸을 때의 모양을 각각 그려 보시오.

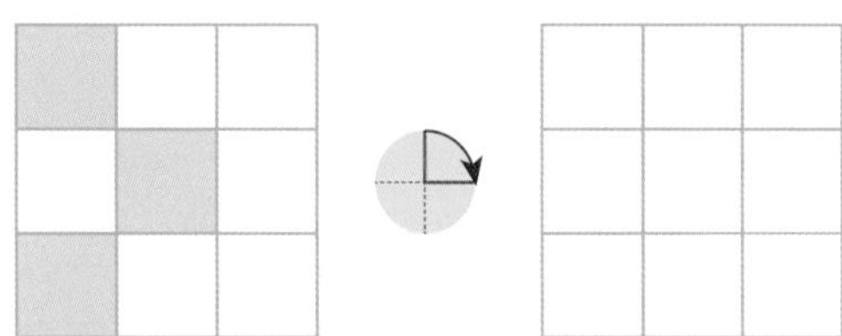

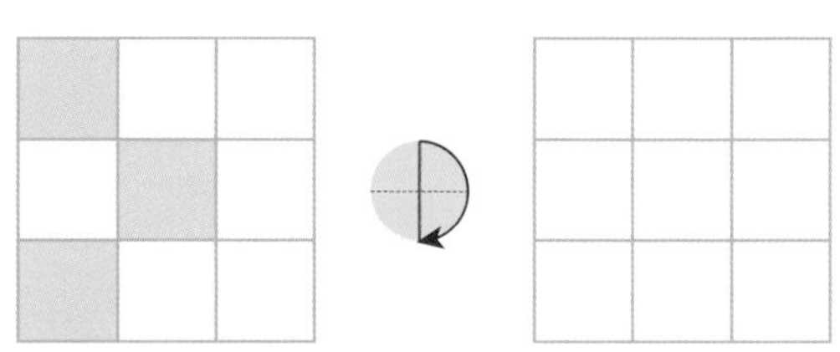

STEP 2 STEP 1에서 그린 두 모양을 겹쳤을 때 나타나는 모양을 그려 보시오.

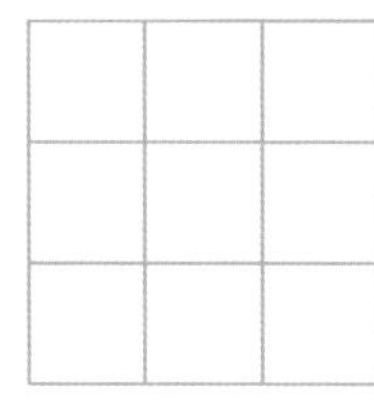

정답과 풀이 15쪽

01 다음과 같이 5칸이 색칠된 투명 카드가 있습니다. 이 투명 카드를 수 배열표 위에 올려놓은 후 투명 카드를 시계 반대 방향으로 반의반 바퀴씩 돌릴 때, 한 번도 가려지지 않는 수를 모두 찾아 써 보시오. 온라인 활동지

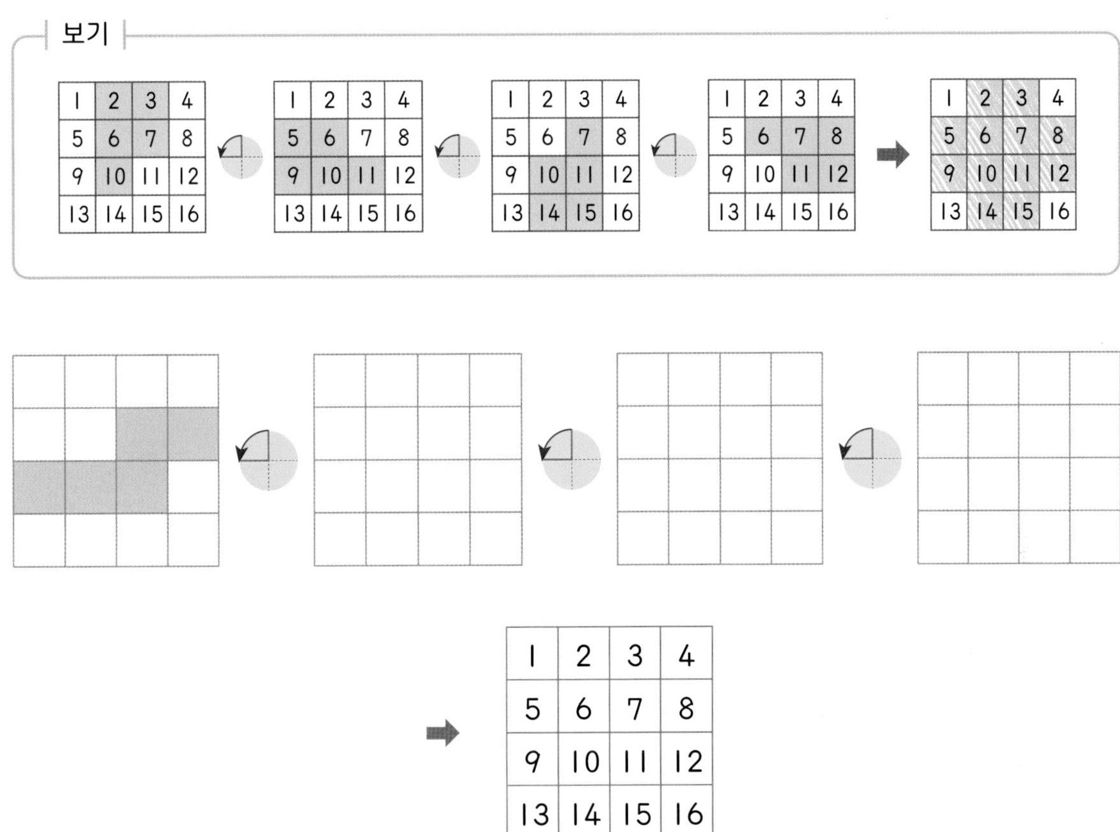

1	2	3	4
5	6	7	8
9	10	11	12
13	14	15	16

Lecture ··· 도형 돌리기

돌리기 표시의 화살표 끝부분이 같으면 돌렸을 때의 도형도 같습니다.

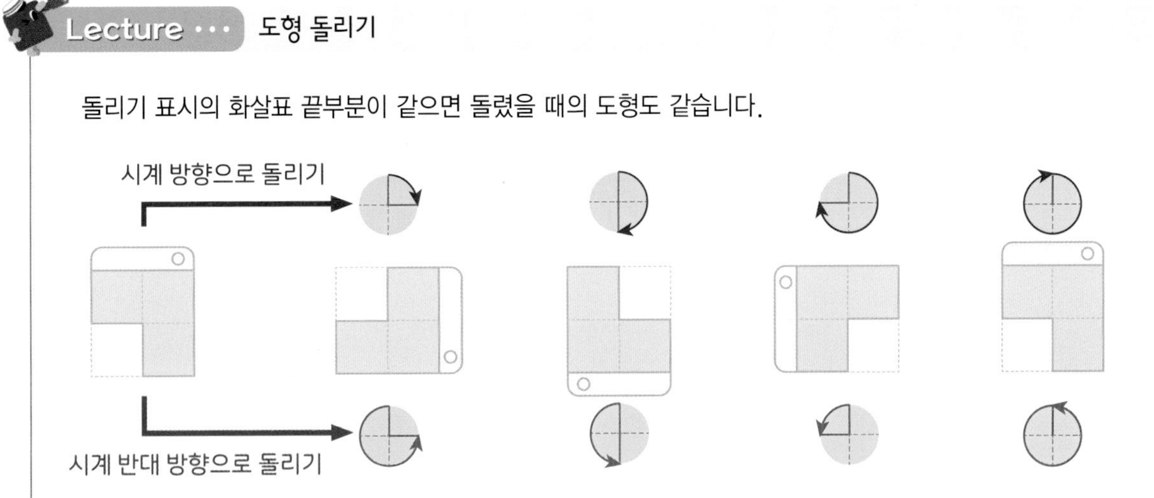

3. 거울에 비친 모양

대표 문제

다음은 | 보기 |와 같이 디지털 숫자로 만든 덧셈식과 뺄셈식 카드를 거울에 비친 모양입니다. ㉮와 ㉯에 알맞은 수를 각각 구하시오.

| 보기 |

25 + 18 ? ➡ 81 + 25

<거울에 비친 모양>

81 = ㉮ − 5Γ

ƌe = ƌ2 + ㉯

STEP 1 거울에 비친 수 5Γ, 81, ƌ2, ƌe는 원래 어떤 수입니까?

5Γ ➡ , 81 ➡ , ƌ2 ➡ , ƌe ➡

STEP 2 81 = ㉮ − 5Γ 를 거울에 비추기 전 원래의 계산식으로 나타내어 보시오.

STEP 3 ƌe = ƌ2 + ㉯ 를 거울에 비추기 전 원래의 계산식으로 나타내어 보시오.

STEP 4 ㉮와 ㉯는 각각 어떤 수를 나타냅니까?

01 다음은 디지털 숫자로 만든 덧셈식을 거울에 비춘 모양입니다. ㉮와 ㉯에 알맞은 수의 합을 구하시오.

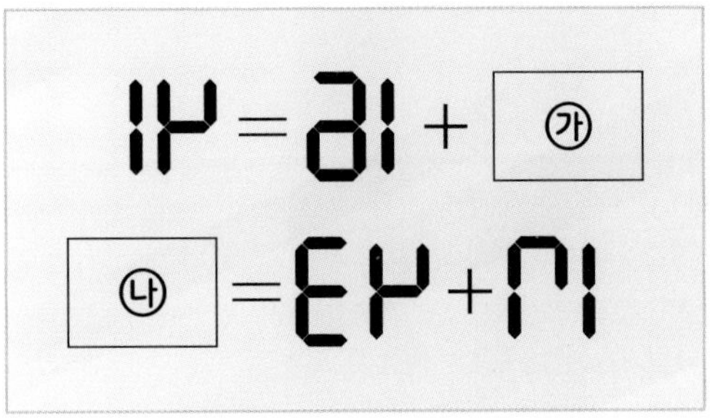

02 거울에 비친 시계의 모습입니다. 지금 시각은 몇 시 몇 분인지 구하시오.

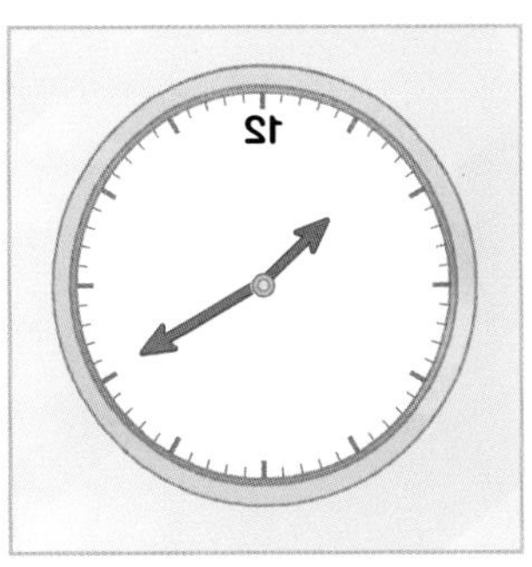

Lecture ··· 거울에 비친 숫자의 모양

디지털 숫자를 거울에 비추었을 때 모양이 변하지 않는 것은 0, 1, 8이고, 2와 5는 숫자가 서로 바뀝니다.

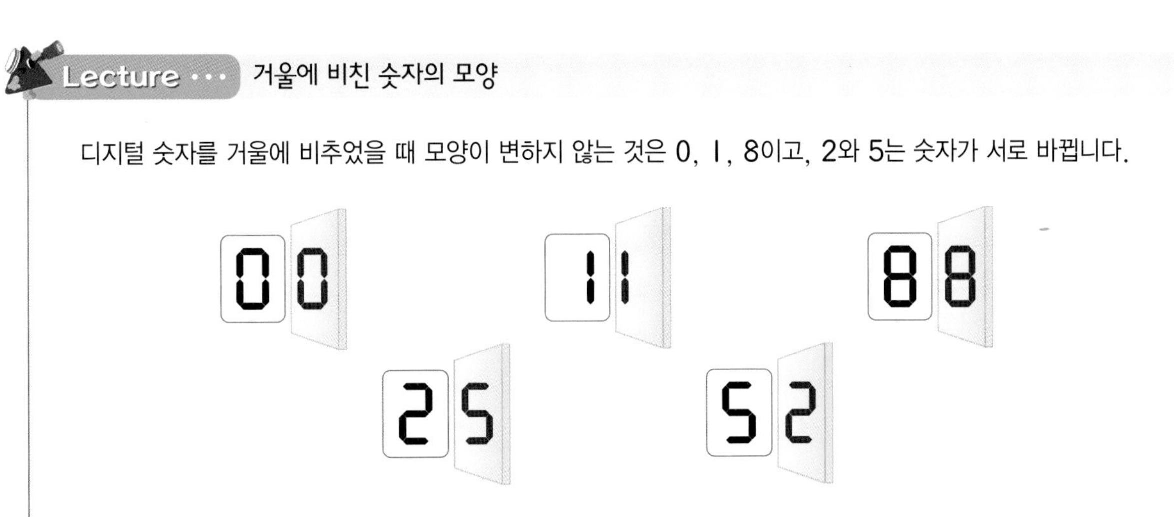

* Creative 팩토 *

01 다음 도형을 아래쪽으로 뒤집은 다음 시계 방향으로 반 바퀴 돌렸을 때의 도형을 차례대로 그려 보시오.

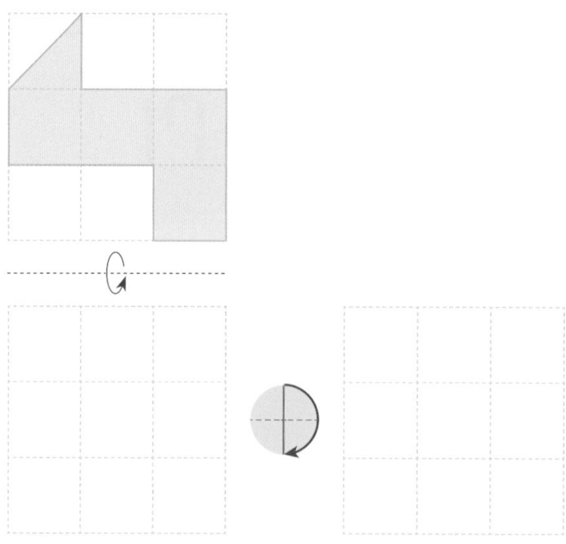

02 다음 도형을 주어진 조건에 맞게 움직였을 때의 도형을 그려 보시오.

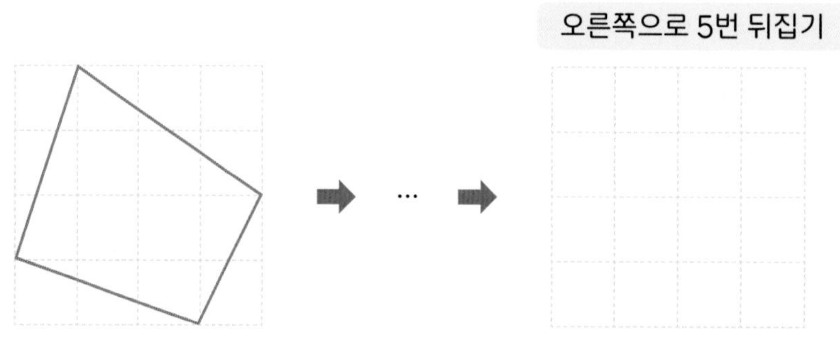

정답과 풀이 17쪽

03 위에 거울을 세워 놓고 보았을 때 보이는 글자를 안에 써 보시오.

04 거울에 비친 시계의 30분 전 시각을 구하시오.

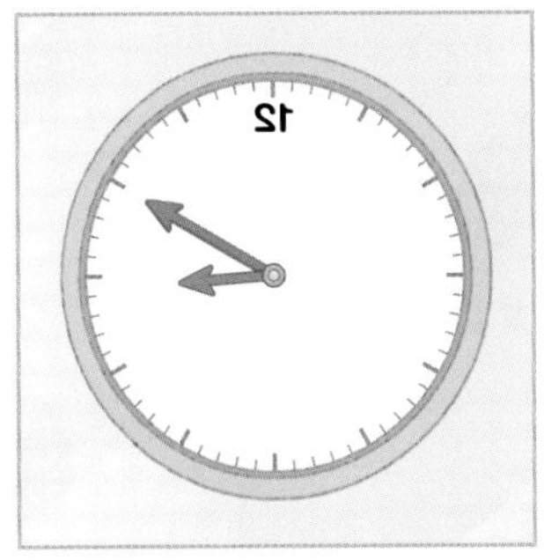

05 주어진 도형을 시계 반대 방향으로 반 바퀴씩 5번 돌렸을 때의 도형을 그려 보시오.

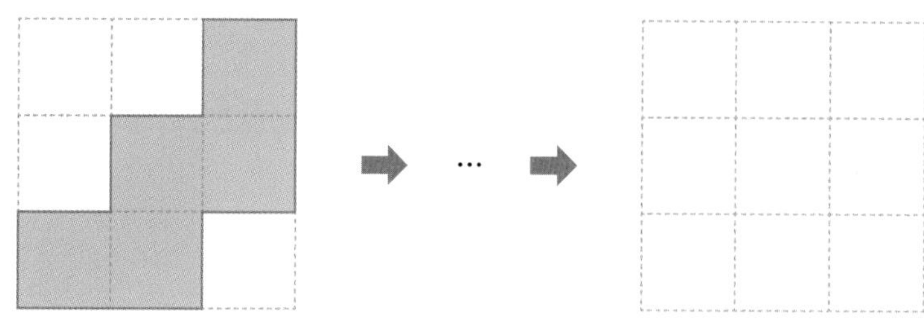

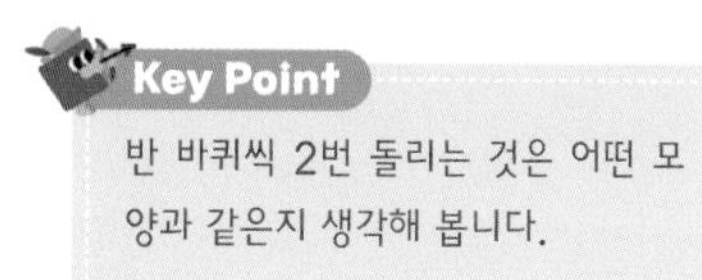

Key Point
반 바퀴씩 2번 돌리는 것은 어떤 모양과 같은지 생각해 봅니다.

06 |보기|를 보고 자신의 이름으로 도장을 만들어 보시오.

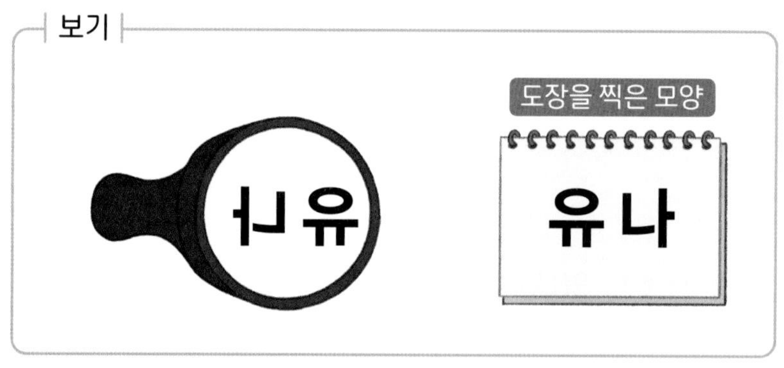

07 다음은 우 리 나 라 를 여러 방향으로 돌린 후 거울에 비춘 모양입니다. 다음 중 나올 수 <u>없는</u> 모양은 어느 것입니까?

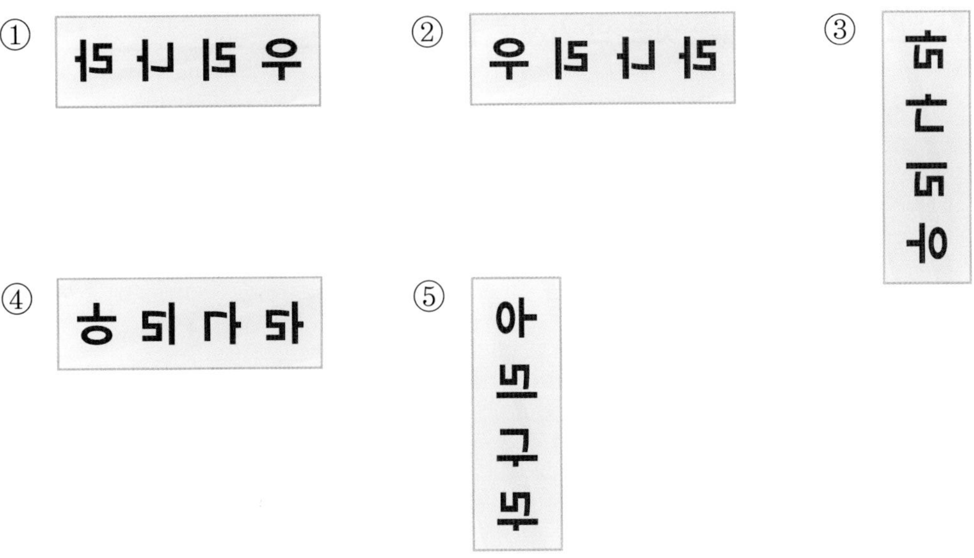

08 투명 카드 2장을 오른쪽으로 뒤집기, 시계 방향으로 반의 반 바퀴 돌리기를 각각 한 후 겹쳤을 때, 색칠된 칸은 모두 몇 칸인지 구하시오.

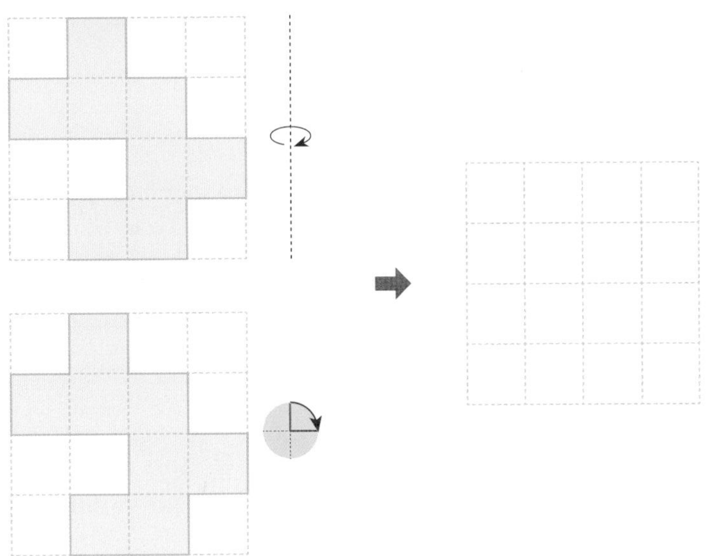

4. 점을 이어 만든 도형

대표 문제

가로와 세로의 간격이 모두 같은 점 종이가 있습니다. |보기|와 같이 점 종이 위에 점을 이어 그릴 수 있는 사각형 중 서로 다른 모양의 사각형은 |보기|의 모양을 포함하여 모두 몇 가지입니까? (단, 돌리거나 뒤집어서 겹쳐지는 것은 한 가지로 봅니다.)

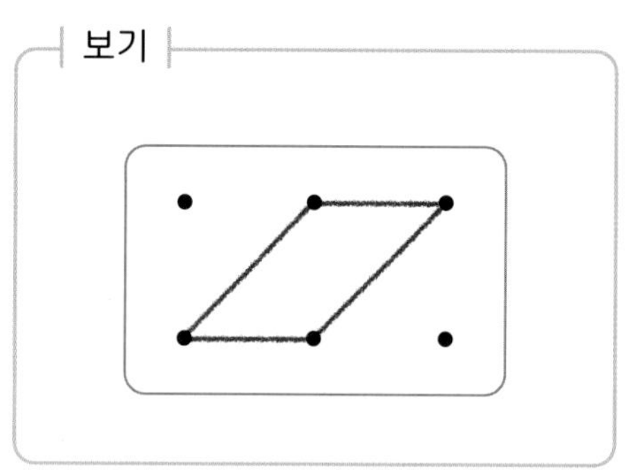

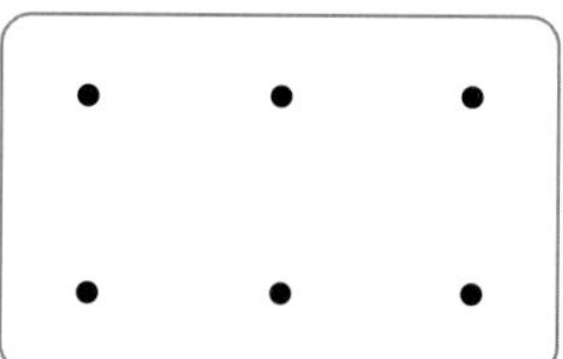

STEP 1 주어진 선을 한 변으로 하는 사각형을 모두 그려 보시오. (단, |보기|의 모양과 다른 모양으로 그립니다.)

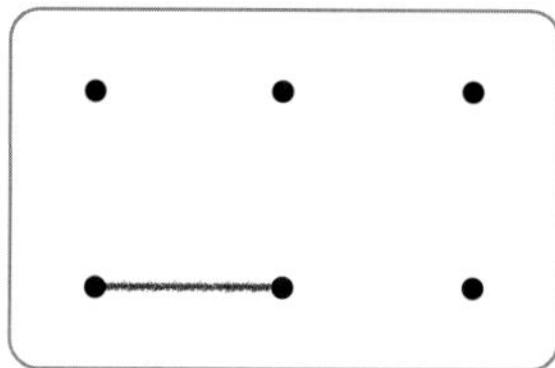

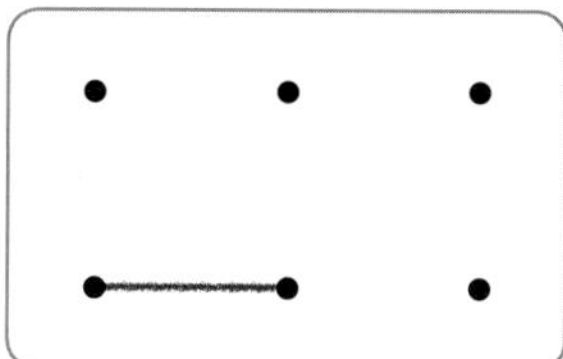

STEP 2 주어진 선을 한 변으로 하는 사각형을 모두 그려 보시오.

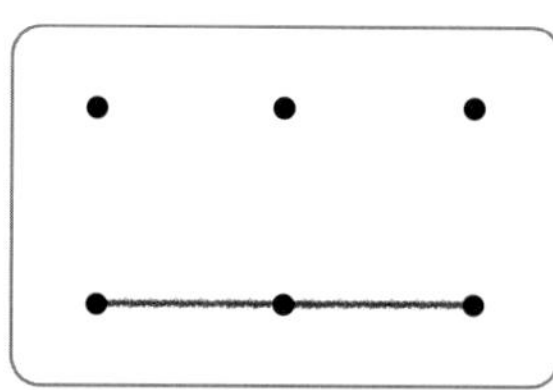

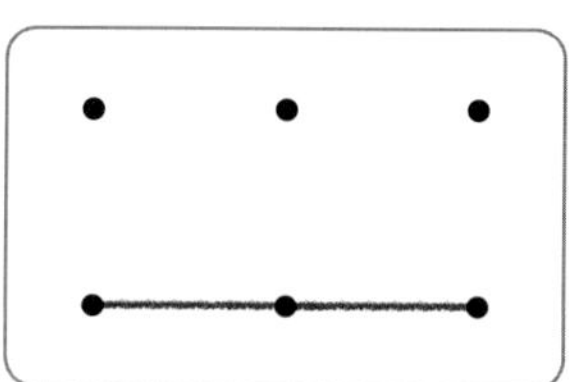

STEP 3 STEP 1과 STEP 2에서 돌리거나 뒤집었을 때 겹쳐지는 것을 찾아 STEP 2에 ◯표 하시오.

STEP 4 점을 이어 그릴 수 있는 서로 다른 모양의 사각형은 |보기|의 모양을 포함하여 모두 몇 가지입니까?

정답과 풀이 19쪽

01 주어진 점을 이어 그릴 수 있는 사각형 중 크기가 서로 다른 정사각형은 모두 몇 가지인지 구하시오. (단, 돌리거나 뒤집어서 겹쳐지는 것은 한 가지로 봅니다.)

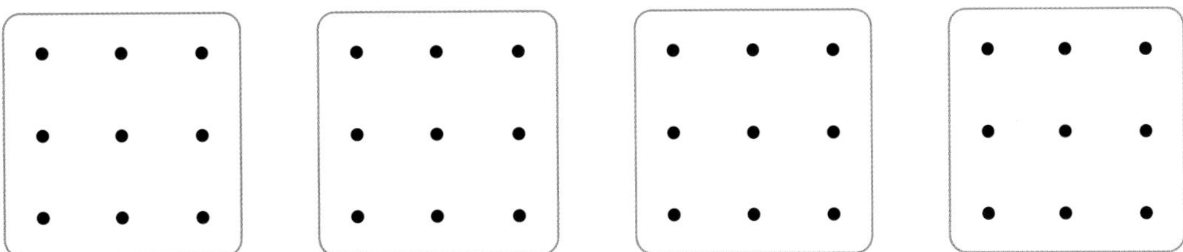

02 점 사이의 간격이 모두 같을 때, 점을 이어 그릴 수 있는 삼각형 중 서로 다른 모양의 삼각형은 모두 몇 가지인지 구하시오. (단, 돌리거나 뒤집어서 겹쳐지는 것은 한 가지로 봅니다.)

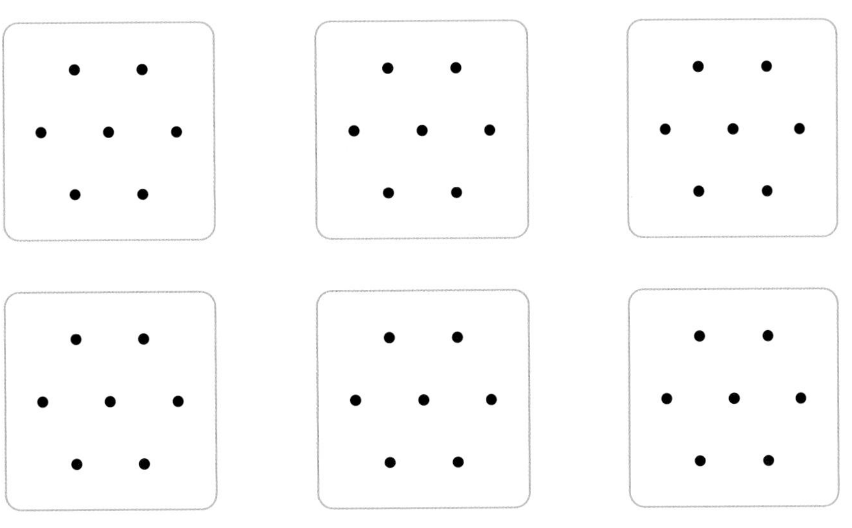

점을 이어 만든 도형

- 가로와 세로의 간격이 같은 점 종이 위에 다음과 같이 모양이 서로 다른 삼각형을 그릴 수 있습니다.

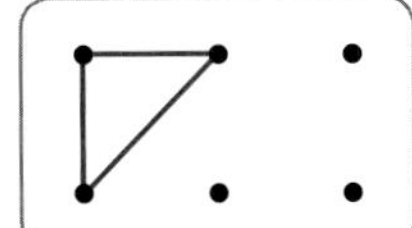
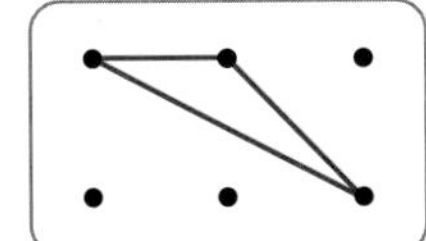
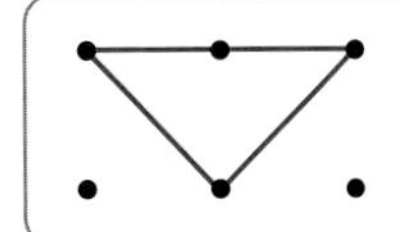
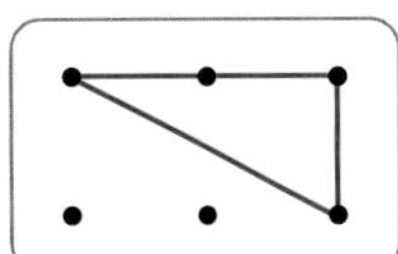

- 아래 삼각형들은 모두 돌리거나 뒤집으면 겹쳐지므로 한 가지 모양으로 봅니다.

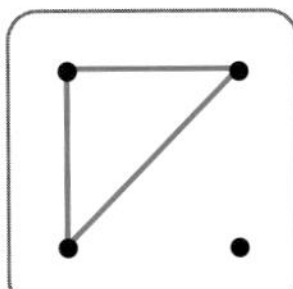
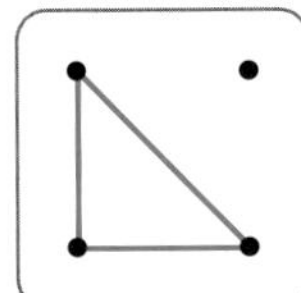
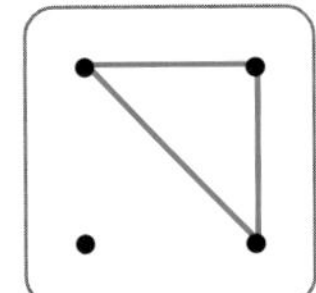
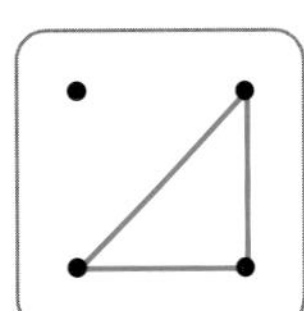

5. 조건에 맞게 도형 자르기

대표 문제

|보기|와 같이 선을 2개 긋고 그 선을 따라 잘랐더니 삼각형 2개와 사각형 2개가 만들어졌습니다.

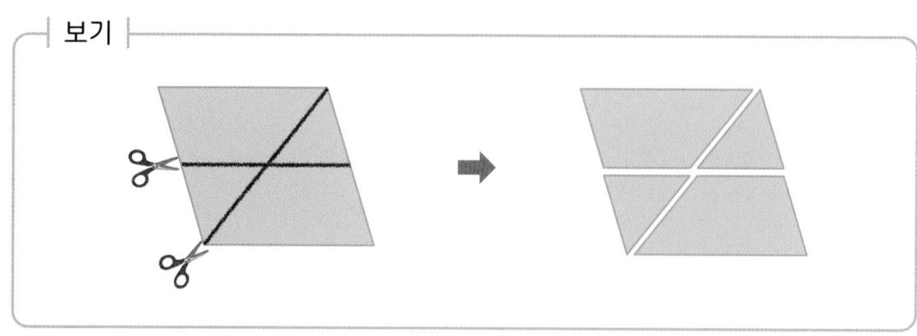

다음 도형에 선을 2개 긋고 그 선을 따라 잘랐을 때, 삼각형 1개와 사각형 3개가 되도록 만들어 보시오.

STEP 1 선을 1개 긋고 그 선을 따라 잘랐을 때, 삼각형 1개와 사각형 1개가 되도록 만들어 보시오.

STEP 2 STEP1의 그림에 선을 1개 더 긋고 그 선을 따라 잘랐을 때, 삼각형 1개와 사각형 3개가 되도록 만들어 보시오.

› 정답과 풀이 20쪽

01 도형의 두 점을 잇는 선을 2개 긋고 그 선을 따라 잘랐을 때, 삼각형 3개와 사각형 1개가 되도록 만들어 보시오.

02 다음 도형에 선을 3개 긋고 그 선을 따라 잘랐을 때, 삼각형 3개와 사각형 2개가 되도록 만들어 보시오.

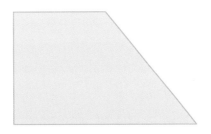

조건에 맞게 도형 자르기

선 2개를 그어 자르는 방법에 따라 여러 가지 도형이 생길 수 있습니다.

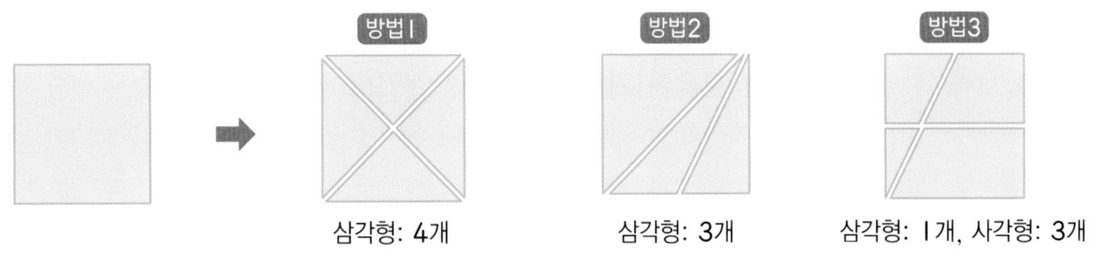

6. 찾을 수 있는 도형의 개수

대표 문제

다음 그림에서 찾을 수 있는 크고 작은 사각형은 모두 몇 개인지 구하시오.

STEP 1 작은 사각형은 모두 몇 개입니까?

: 개

STEP 2 작은 사각형 2개가 붙어 있는 사각형은 모두 몇 개입니까?

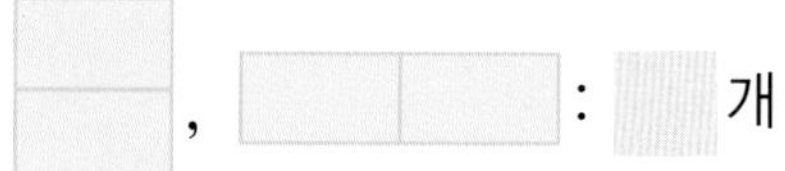

, : 개

STEP 3 작은 사각형 3개가 붙어 있는 사각형은 모두 몇 개입니까?

: 개

STEP 4 작은 사각형 4개가 붙어 있는 사각형은 몇 개입니까?

: 개

STEP 5 위의 그림에서 찾을 수 있는 크고 작은 사각형은 모두 몇 개입니까?

정답과 풀이 21쪽

01 다음 그림에서 찾을 수 있는 크고 작은 삼각형은 모두 몇 개인지 구하시오.

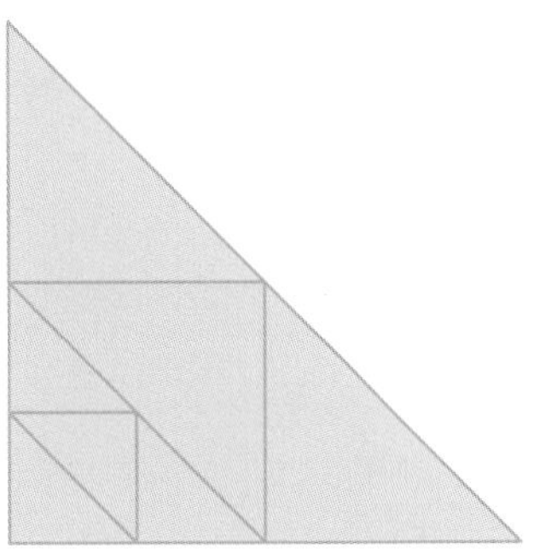

02 다음 그림에서 찾을 수 있는 크고 작은 사각형은 모두 몇 개인지 구하시오.

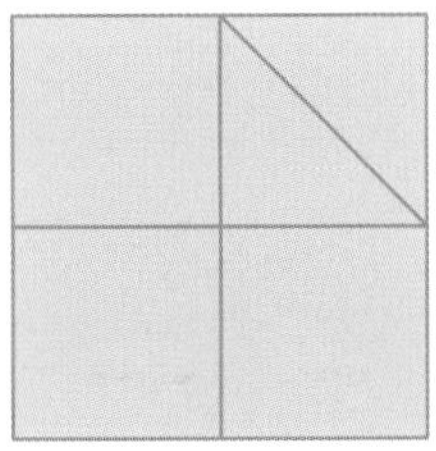

찾을 수 있는 도형의 개수

다음 도형에서 찾을 수 있는 크고 작은 사각형 또는 삼각형의 개수는 각각 다음과 같습니다.

01 다음과 같이 원 위에 같은 간격으로 6개의 점이 찍혀 있습니다. 점을 이어 만들 수 있는 서로 다른 모양의 사각형은 모두 몇 가지인지 구하시오. (단, 돌리거나 뒤집어서 겹쳐지는 것은 한 가지로 봅니다.)

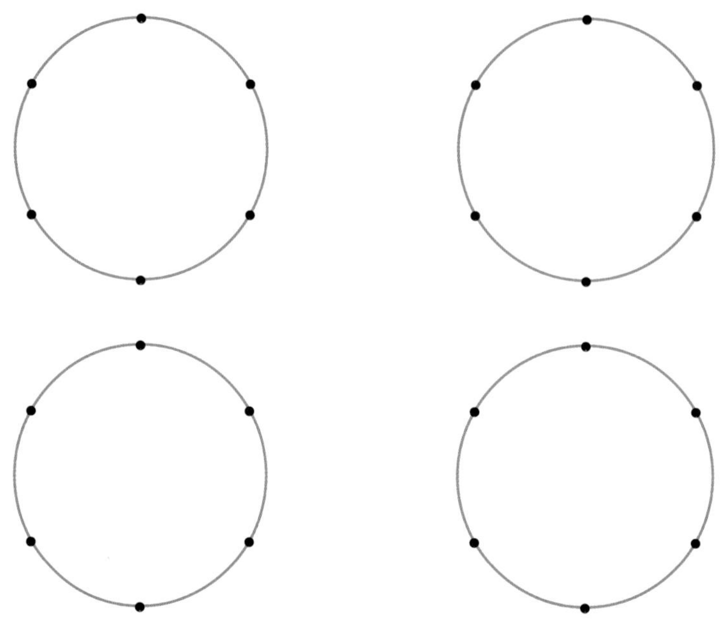

02 다음과 같이 울타리 안에 5마리의 동물들이 있습니다. 동물들이 모두 나누어지도록 사각형 모양의 울타리 하나를 더 그려 넣으시오.

정답과 풀이 22쪽

03 다음 그림에서 찾을 수 있는 크고 작은 삼각형은 모두 몇 개인지 구하시오.

04 왼쪽과 같은 모양의 지우개에서 찾을 수 있는 사각형은 6개입니다. 이 지우개를 오른쪽 그림과 같이 위에서 아래로 반듯하게 잘라 ㉮와 ㉯ 2조각을 만들었습니다. 새로 생긴 지우개 조각에서 찾을 수 있는 삼각형과 사각형은 각각 몇 개인지 구하시오.

05 다음과 같이 점 8개가 일정한 간격으로 놓여 있습니다. 이 점들을 이어 만들 수 있는 크고 작은 삼각형은 모두 몇 가지인지 구하시오. (단, 돌리거나 뒤집어서 겹쳐지는 것은 한 가지로 봅니다.)

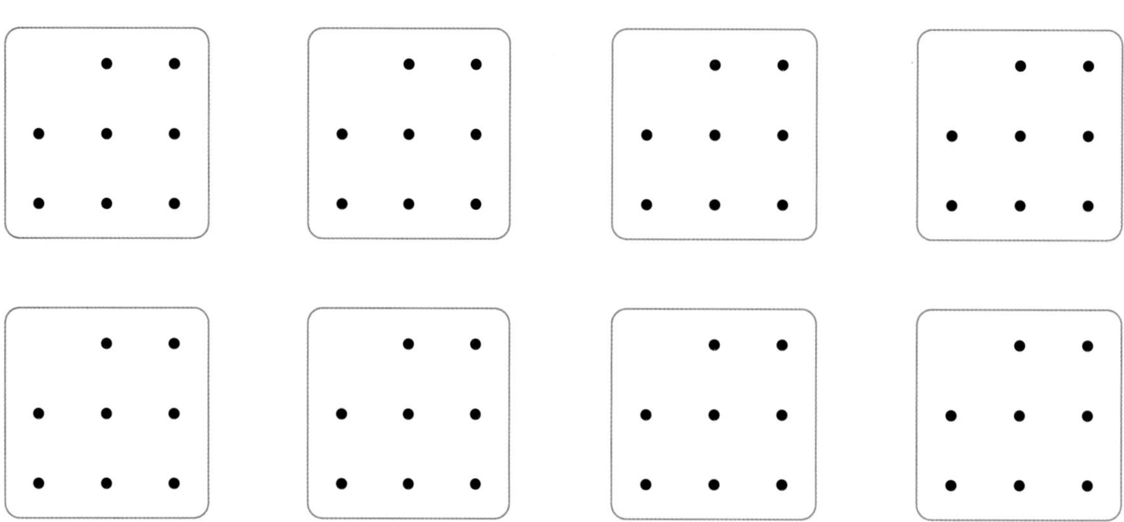

06 ☆ 모양을 포함하는 크고 작은 사각형의 개수를 구하시오.

➡ ☆ 모양을 포함하는 크고 작은 사각형: ☐개

➡ ☆ 모양을 포함하는 크고 작은 사각형: ☐개

정답과 풀이 23쪽

07 가로와 세로의 간격이 모두 같은 점 종이가 있습니다. 이 점 종이 위에 보기와 같은 모양의 삼각형은 보기의 모양을 포함하여 모두 몇 개 그릴 수 있는지 구하시오.

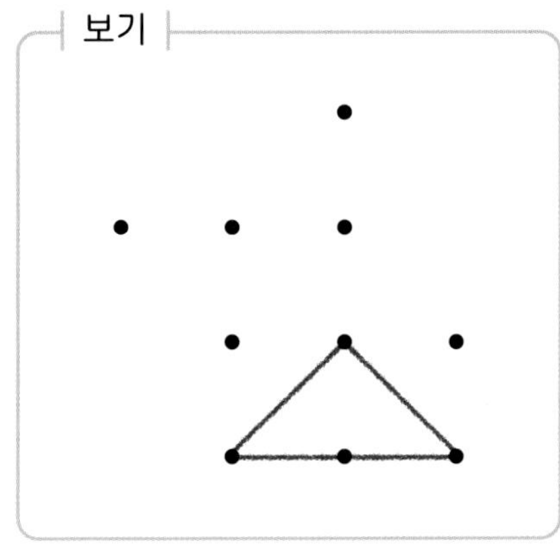

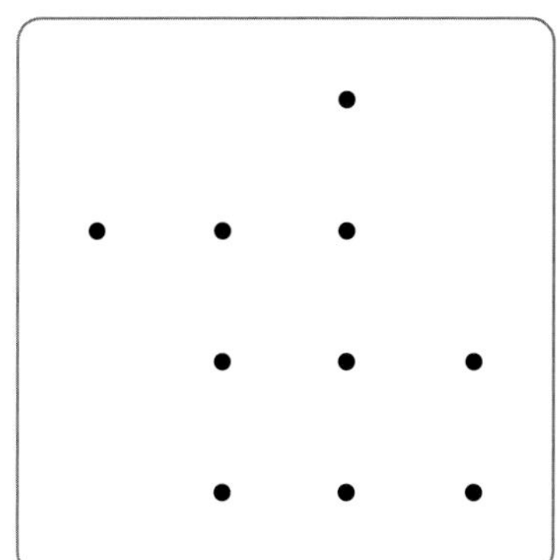

08 그림에서 찾을 수 있는 크고 작은 삼각형의 개수를 ㉮, 사각형의 개수를 ㉯이라고 할 때, ㉮과 ㉯의 합을 구하시오.

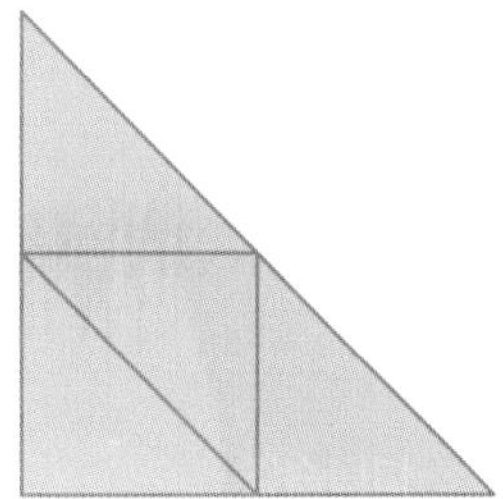

* Perfect 경시대회 *

01 30부터 50까지 디지털 숫자로 적힌 수 카드와 거울을 이용하여 놀이를 하고 있습니다. 보기 와 같이 수 카드의 한가운데에 거울을 놓고 원래 모양과 거울에 비친 모양을 합하여 볼 때, 만들어지는 수가 처음 수와 같은 것은 모두 몇 개인지 구하시오.

02 주하는 2시 10분에 공부를 시작하였습니다. 40분 동안 국어 공부를 하고 난 후 수학 공부를 마치고 거울에 비친 시계를 보았더니 다음과 같았습니다. 주하가 수학 공부를 한 시간은 몇 분입니까?

정답과 풀이 24쪽

03 다음 그림의 오른쪽에 거울을 세워 놓았을 때, 거울 속에 나타나는 그림의 일부가 될 수 있는 것을 모두 찾아 기호를 써 보시오.

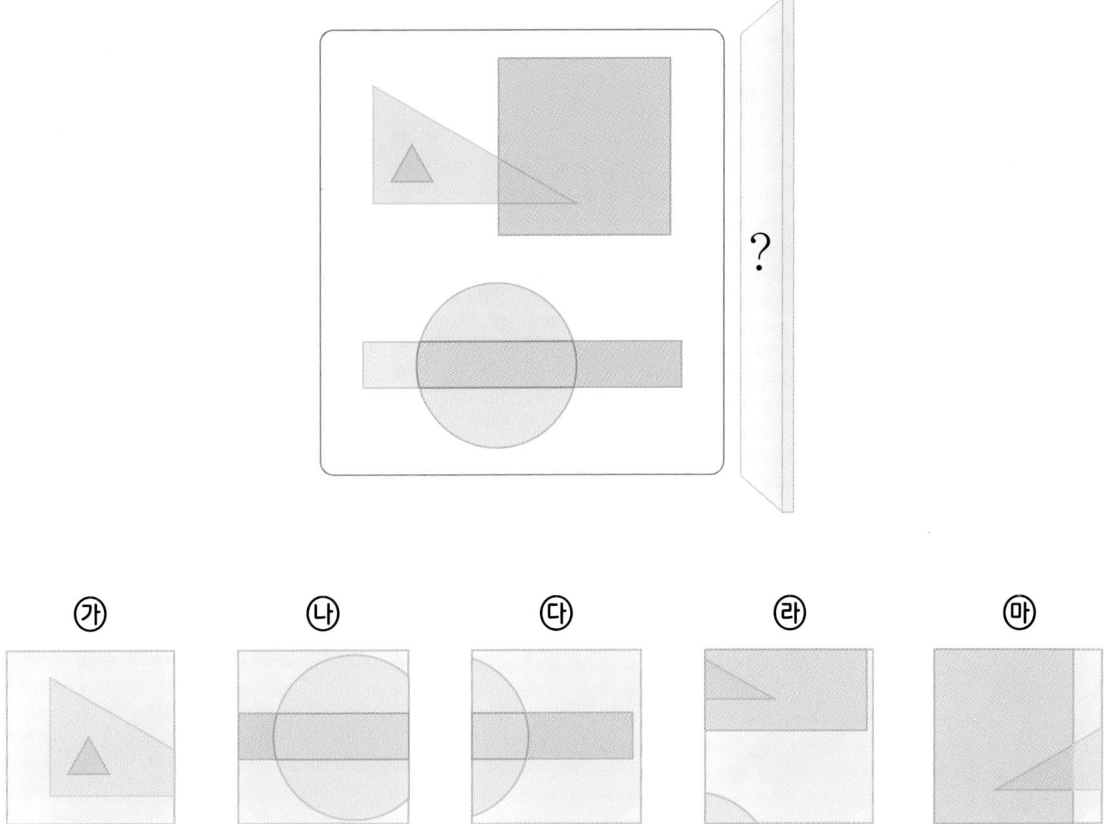

04 그림에서 찾을 수 있는 크고 작은 사각형의 개수를 구하시오.

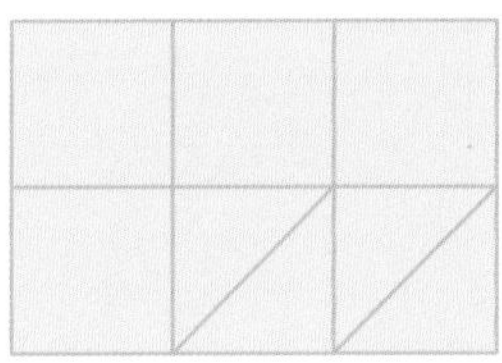

Challenge 영재교육원

01 트럼프 카드에 있는 모양의 규칙을 찾아 △ 모양이 들어간 트럼프 카드를 만들어 보시오.

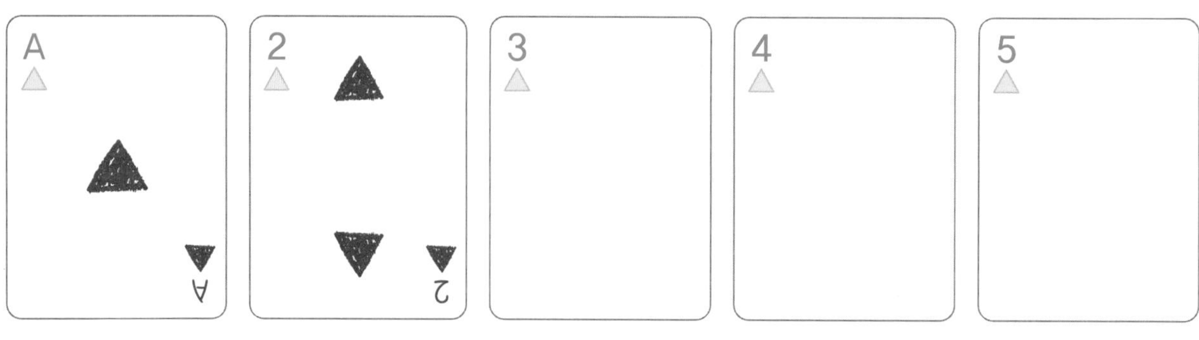

정답과 풀이 25쪽

02 0부터 9까지의 디지털 숫자로 세 자리 수를 만들어 시계 방향으로 반 바퀴 돌렸을 때, 같은 수가 되는 수를 5개 찾아보려고 합니다. 물음에 답하시오.

(1) 디지털 수를 시계 방향으로 반 바퀴 돌렸을 때 나오는 모양을 그려 보시오.

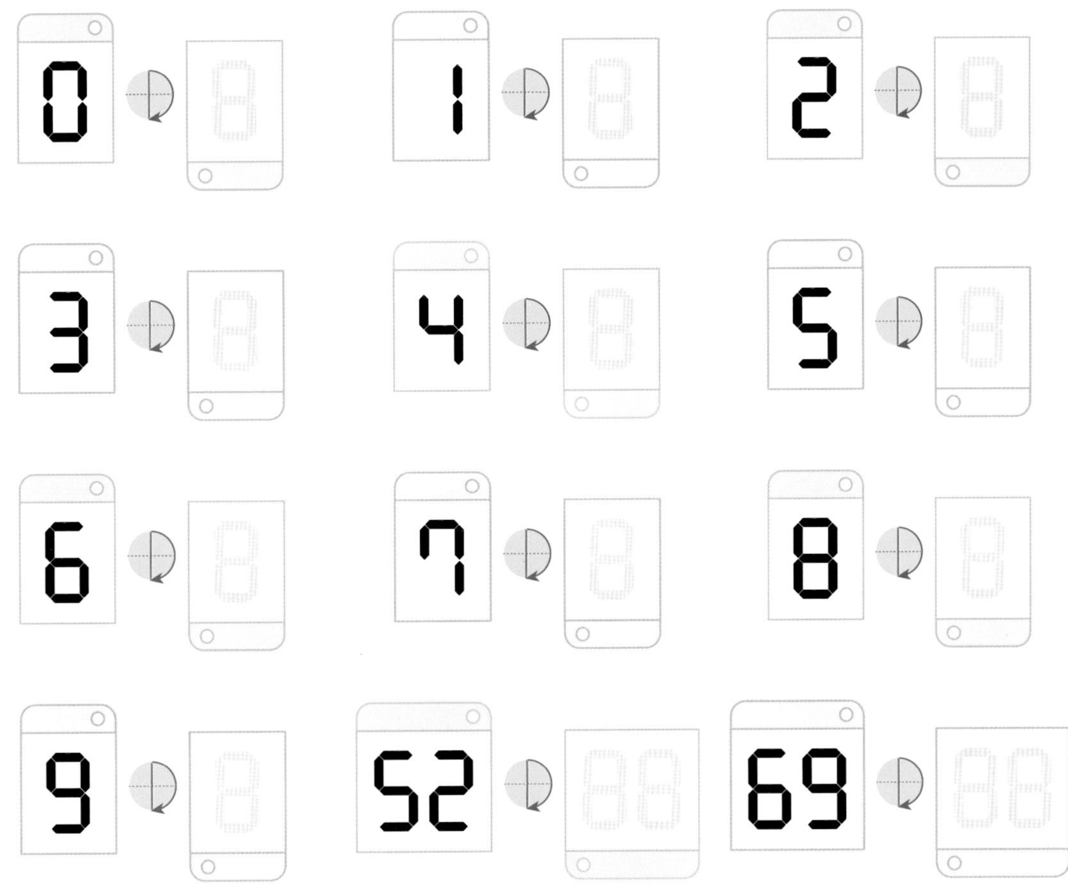

(2) 0부터 9까지의 디지털 숫자로 세 자리 수를 만든 다음 시계 방향으로 반 바퀴 돌렸을 때, 같은 수가 되는 수를 5개 써 보시오.

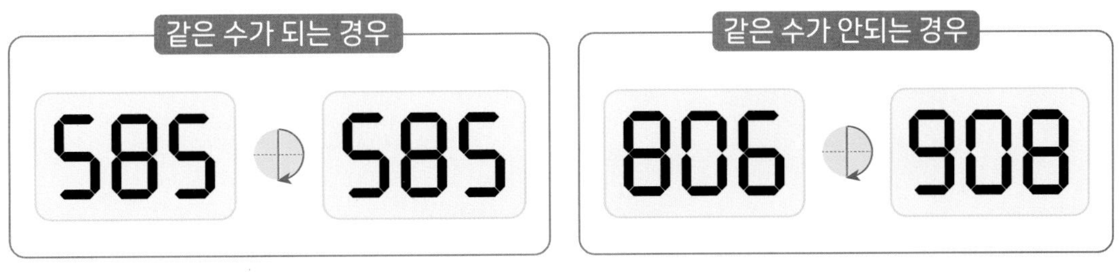

Ⅲ

문제해결력

계획한 대로 공부한 날은 😀에, 공부하지 못한 날은 🙁에 ○표 하세요.

공부할 내용	공부할 날짜	확 인
1 두 수의 합과 차	월 일	😀 | 🙁
2 나이 문제 해결하기	월 일	😀 | 🙁
3 거꾸로 해결하기	월 일	😀 | 🙁
Creative 팩토	월 일	😀 | 🙁
4 같은 부분을 찾아 문제 해결하기	월 일	😀 | 🙁
5 벤 다이어그램	월 일	😀 | 🙁
6 똑같이 묶어 계산하기	월 일	😀 | 🙁
Creative 팩토	월 일	😀 | 🙁
Perfect 경시대회	월 일	😀 | 🙁
Challenge 영재교육원	월 일	😀 | 🙁

1. 두 수의 합과 차

대표 문제

딸기 맛 사탕과 포도 맛 사탕이 합하여 20개 있습니다. 딸기 맛 사탕이 포도 맛 사탕보다 4개 더 적다면 딸기 맛 사탕과 포도 맛 사탕은 각각 몇 개인지 구해 보시오.

STEP 1 포도 맛 사탕은 딸기 맛 사탕보다 몇 개 더 많은지 구해 보시오.

STEP 2 | 보기 |와 같은 방법으로 사탕 수의 합과 STEP 1 에서 구한 사탕 수의 차를 이용하여 딸기 맛 사탕과 포도 맛 사탕은 각각 몇 개인지 구해 보시오.

| 보기 |

합: 6, 차: 2

큰 수에 차인 2만큼 그리기 ➡ 합이 6이 되도록 남은 4를 똑같이 나누어 그리기

큰 수 ○○ → 큰 수 ○○○○

작은 수 → 작은 수 ○○

➡ 큰 수: 4 , 작은 수: 2

딸기 맛 사탕 수 ○○○○○○○○○○○○

포도 맛 사탕 수 ○○○○○○○○○○○○

01 연필꽂이에 연필과 사인펜이 합하여 23자루 꽂혀 있습니다. 연필이 사인펜보다 5자루 더 많이 꽂혀 있을 때 연필꽂이에 꽂혀 있는 연필과 사인펜은 각각 몇 자루인지 구해 보시오.

02 서준이와 세영이의 몸무게의 합은 84 kg입니다. 서준이가 세영이보다 6 kg 더 무겁다면 서준이와 세영이의 몸무게는 각각 몇 kg인지 구해 보시오.

서준

세영

2. 나이 문제 해결하기

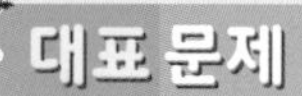

대표 문제

올해 현우는 1살, 민주는 2살, 어머니는 33살입니다. 어머니의 나이가 현우와 민주의 나이의 합의 4배가 되는 것은 몇 년 후인지 구해 보시오.

STEP 1 현우, 민주, 현우와 민주의 나이의 합을 나타내는 표를 완성해 보시오.

	올해	1년 후	2년 후	3년 후	4년 후
현우의 나이(살)	1				
민주의 나이(살)	2				
현우와 민주의 나이의 합(살)	3				

STEP 2 현우와 민주의 나이의 합의 4배와 어머니의 나이를 나타내는 표를 완성해 보시오.

	올해	1년 후	2년 후	3년 후	4년 후
현우와 민주의 나이의 합의 4배	12				
어머니의 나이(살)	33				

STEP 3 어머니의 나이가 현우와 민주의 나이의 합의 4배가 되는 것은 몇 년 후인지 구해 보시오.

정답과 풀이 27쪽

01 올해 혜원이는 10살, 쌍둥이 동생들은 3살입니다. 표를 이용하여 혜원이의 나이가 쌍둥이 동생들의 나이의 합과 같아지는 것은 몇 년 후인지 구해 보시오.

	올해	1년 후	2년 후	3년 후	4년 후	5년 후
동생의 나이(살)						
쌍둥이 동생들의 나이의 합(살)						
혜원이의 나이(살)						

02 다음 조건 을 보고 은우는 올해 몇 살인지 구해 보시오.

조건

- 올해 은우의 나이와 동생의 나이의 차는 3살입니다.
- 2년 전에 은우와 동생의 나이의 합은 13살이었습니다.

나이 문제 해결하기

	올해	1년 후	2년 후	···	20년 후
수민이의 나이(살)	5	6	7	···	25
언니의 나이(살)	6	7	8	···	26
나이의 합(살)	11	13	15	···	51
나이의 차(살)	1	1	1	···	1

- 두 사람의 나이의 합은 1년마다 2살씩 늘어납니다.
- 시간이 지나도 두 사람의 나이의 차는 변하지 않습니다.

3. 거꾸로 해결하기

대표 문제

재희는 동화책을 매일 전날 읽었던 쪽수보다 3쪽씩 더 읽었습니다. 여섯째 날에 읽은 동화책의 쪽수가 32쪽이라면 첫째 날에는 몇 쪽을 읽었는지 구해 보시오.

STEP 1 다섯째 날에 읽은 동화책은 몇 쪽인지 구해 보시오.

(다섯째 날 읽은 쪽수)＋3＝(여섯째 날 읽은 쪽수)

□＋3＝32

➡ 다섯째 날: □ 쪽

STEP 2 STEP 1 에서 구한 다섯째 날 읽은 쪽수를 이용하여 넷째 날에 읽은 동화책은 몇 쪽인지 구해 보시오.

(넷째 날 읽은 쪽수)＋3＝(다섯째 날 읽은 쪽수)

□＋3＝□

➡ 넷째 날: □ 쪽

STEP 3 STEP 2 와 같은 방법으로 셋째 날과 둘째 날에 읽은 동화책은 각각 몇 쪽씩인지 구해 보시오.

• (셋째 날 읽은 쪽수)＋3＝(넷째 날 읽은 쪽수)

➡ 셋째 날: □ 쪽

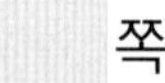

• (둘째 날 읽은 쪽수)＋3＝(셋째 날 읽은 쪽수)

➡ 둘째 날: □ 쪽

STEP 4 첫째 날에 읽은 동화책은 몇 쪽인지 구해 보시오.

정답과 풀이 28쪽

01 친구들의 대화를 보고 처음 생일 파티에 모인 사람들은 모두 몇 명인지 구해 보시오.

밥을 먹고 나서 파티에 모인 사람의 절반이 집으로 돌아갔어.

그후에 3명의 친구들이 더 왔잖아.

그래서 우리 3명을 포함하여 모두 9명이 남아 있었지.

거꾸로 해결하기

사탕 한 봉지를 사서 3개를 먹고, 동생에게 5개를 주었더니 4개가 남았습니다.

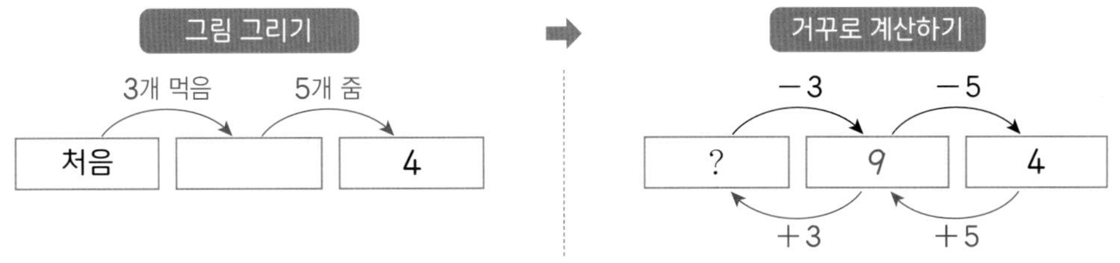

➡ 처음 사탕 한 봉지에 들어 있던 사탕의 수: 12 개

01 희연이네 냉장고에는 15개의 감과 10개의 사과가 있습니다. 희연이네 가족들이 월요일부터 매일 2개의 감과 1개의 사과를 먹으려고 합니다. 표를 이용하여 먹고 남은 감과 사과의 개수가 같아지는 것은 무슨 요일인지 구해 보시오.

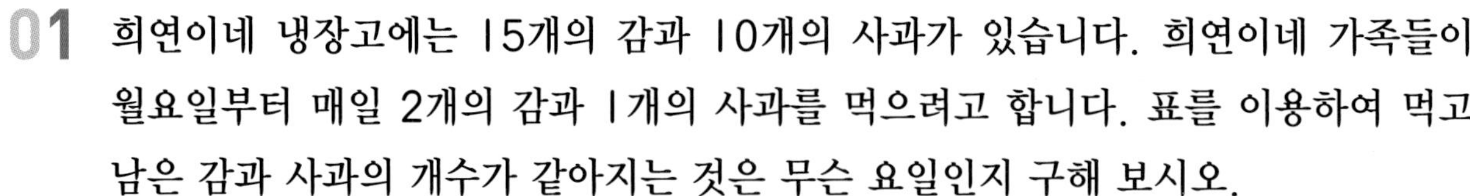

	월요일	화요일	수요일	목요일	금요일	토요일
먹고 남은 감의 수(개)						
먹고 남은 사과의 수(개)						

02 올해 송현이는 1살, 아람이는 10살입니다. 표를 이용하여 아람이의 나이가 송현이의 나이의 2배가 되는 것은 몇 년 후인지 구해 보시오.

	올해	1년 후	2년 후	3년 후	4년 후	5년 후	6년 후	7년 후	8년 후	9년 후
송현이의 나이(살)										
아람이의 나이(살)										

Key Point
1년 후에 송현이는 2살, 아람이는 11살입니다.

정답과 풀이 29쪽

03 승객 몇 명을 태우고 버스가 출발했습니다. 첫째 번 정류장에서 2명이 내리고 6명이 탔습니다. 둘째 번 정류장에서 3명이 탔습니다. 둘째 번 정류장을 지난 후 승객의 수가 25명이었다면, 처음에 타고 있던 승객은 몇 명인지 구해 보시오.

04 다음 조건을 보고 올해 주성이의 나이를 구해 보시오.

조건

- 올해 주성이와 동생의 나이의 합은 11이고 곱은 25보다 크고 35보다 작습니다.
- 작년에 주성이와 동생의 나이의 곱은 18이었습니다.

올해	주성이의 나이(살)	10				
	동생의 나이(살)	1				
	주성이와 동생의 나이의 곱(살)	10				

Key Point

1년 전 주성이의 나이와 동생의 나이는 올해보다 1살씩 적어집니다.

05 사탕 1개와 초콜릿 1개의 값의 합은 800원입니다. 사탕 1개는 초콜릿 1개보다 200원이 쌀 때, 사탕 1개와 초콜릿 1개의 가격은 각각 얼마인지 구해 보시오.

06 매년 수확하는 열매의 개수가 바로 전 해의 2배가 되는 요술 나무가 있습니다. 2023년에 이 나무에서 수확한 열매가 80개였다면 2020년에 수확한 열매는 몇 개인지 구해 보시오.

07 어느 꽃집에 빨간색 장미는 노란색 장미보다 4송이 더 많고, 분홍색 장미는 노란색 장미보다 1송이 더 많습니다. 빨간색, 노란색, 분홍색 장미가 모두 20송이일 때, 빨간색 장미는 몇 송이인지 구해 보시오.

08 월요일에 민아네 반 학급 문고에 책이 몇 권 있었습니다. 화요일에 친구들이 책을 반납해서 책 수가 월요일의 2배가 되었습니다. 수요일에는 친구들이 책을 2권 빌려 갔고 목요일에는 남아 있는 책 수의 절반을 빌려 갔더니 학급 문고에 책이 7권 남았습니다. 월요일에 학급 문고에 있던 책은 몇 권인지 구해 보시오.

4. 같은 부분을 찾아 문제 해결하기

대표 문제

진우와 정연이가 다음과 같이 과녁에 화살 쏘기를 하였습니다. 진우는 5번을 쏘아 21점을 얻었고, 정연이는 4번을 쏘아 16점을 얻었습니다. 파란색 과녁과 노란색 과녁은 각각 몇 점인지 구해 보시오.

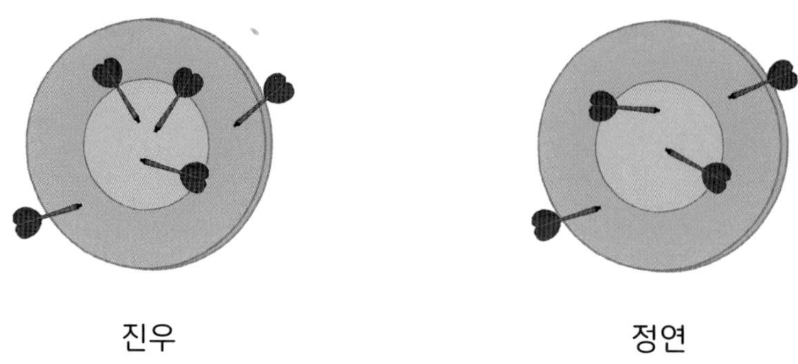

STEP 1 파란색 과녁에 맞힌 화살을 ○, 노란색 과녁에 맞힌 화살을 △로 표시하여 두 사람의 점수를 나타내어 보시오.

STEP 2 STEP 1에서 나타낸 그림의 같은 부분을 찾아 ╱으로 표시해 보시오.

STEP 3 STEP 1에서 남은 것은 무엇이며, 그 점수는 몇 점인지 구해 보시오.

STEP 4 파란색 과녁과 노란색 과녁은 각각 몇 점인지 구해 보시오.

> 정답과 풀이 31쪽

01 연필 3자루와 공책 5권의 값은 4500원이고, 연필 3자루와 공책 8권의 값은 6300원입니다. 연필 5자루의 값은 얼마인지 구해 보시오.

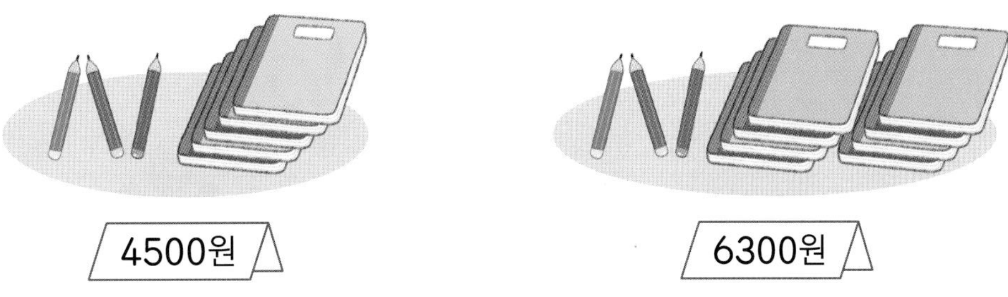

02 초콜릿 쿠키 2개와 바닐라 쿠키 1개를 사려면 450원을 내야 하고, 초콜릿 쿠키 3개, 바닐라 쿠키 2개, 녹차 쿠키 1개를 사려면 900원을 내야 합니다. 초콜릿 쿠키 1개, 바닐라 쿠키 1개, 녹차 쿠키 1개를 사려면 얼마를 내야 하는지 구해 보시오.

5. 벤 다이어그램

대표 문제

주어진 기준에 따라 알맞게 분류하여 벤 다이어그램을 완성해 보시오.

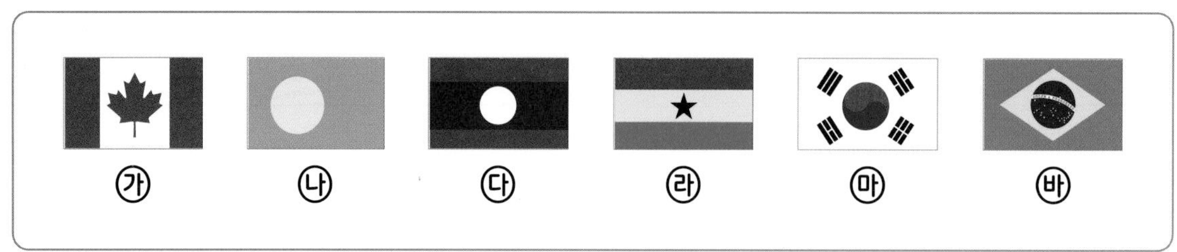

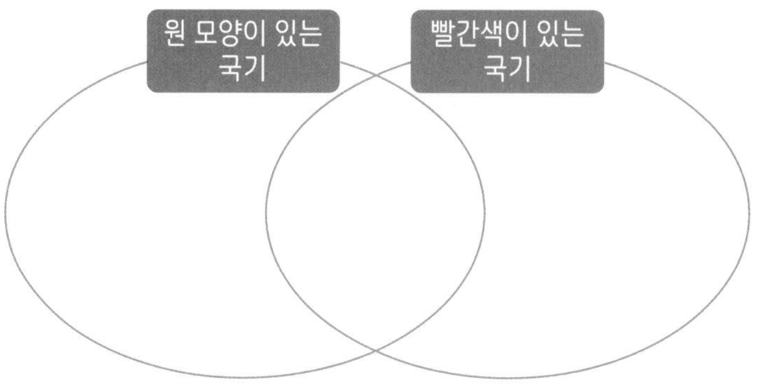

STEP 1 벤 다이어그램의 색칠한 부분에 알맞은 국기의 특징을 써 보시오.

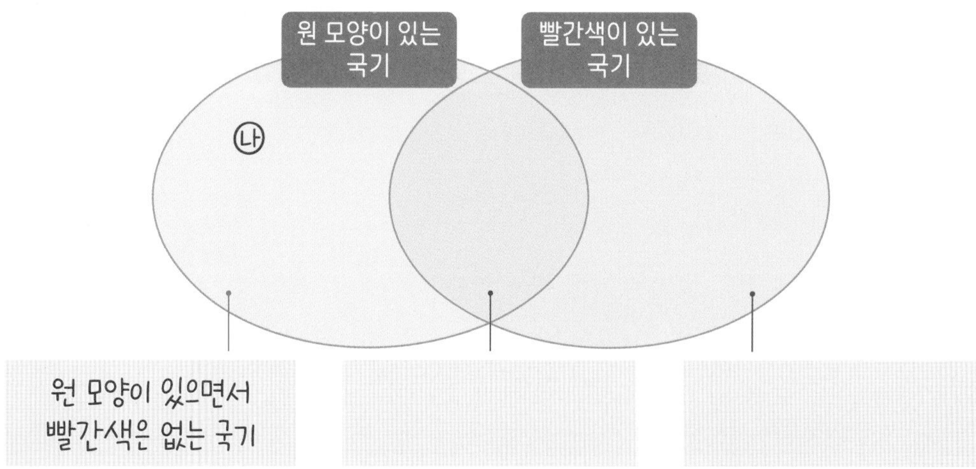

STEP 2 STEP 1의 특징을 생각하여 빈 곳에 각 나라 국기의 기호를 써넣어 벤 다이어그램을 완성해 보시오.

정답과 풀이 32쪽

01 각 부분의 특징을 찾아 ☐ 안에 알맞은 말을 쓰고, 가운데 색칠한 부분에 들어갈 수 있는 것을 모두 찾아 기호를 써 보시오.

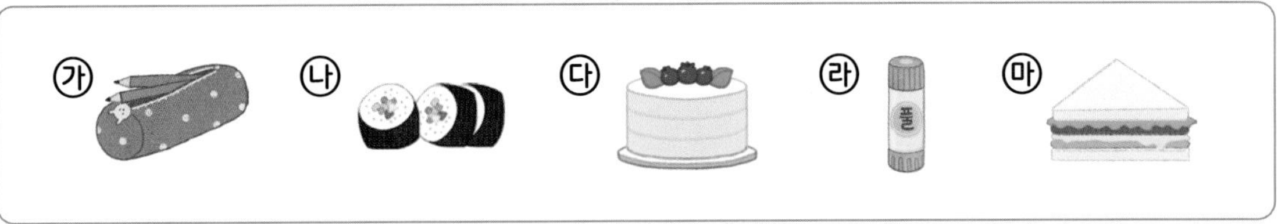

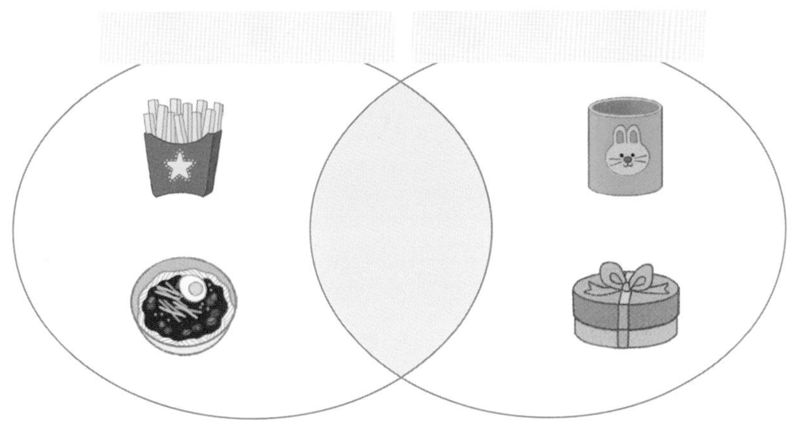

벤 다이어그램

벤 다이어그램으로 나타내면 분류된 모습을 잘 알 수 있습니다.

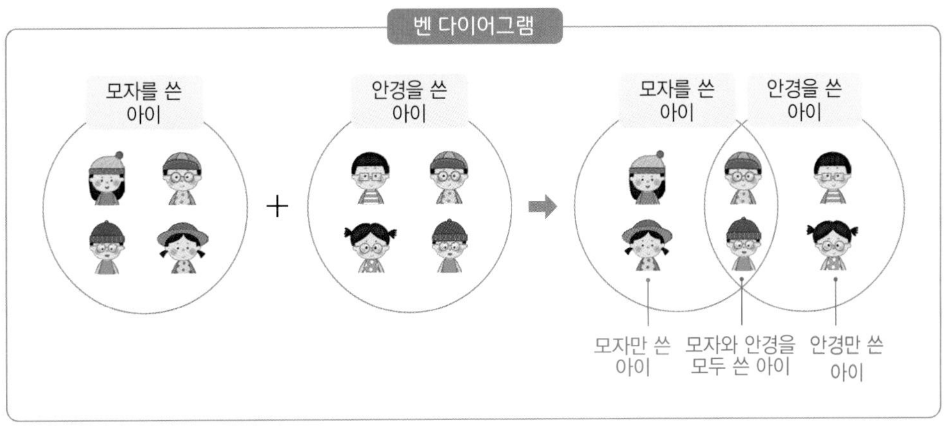

6. 똑같이 묶어 계산하기

대표 문제

바둑돌을 한 변에 12개씩 놓아 정삼각형을 만들려고 합니다. 필요한 바둑돌은 몇 개인지 구해 보시오.

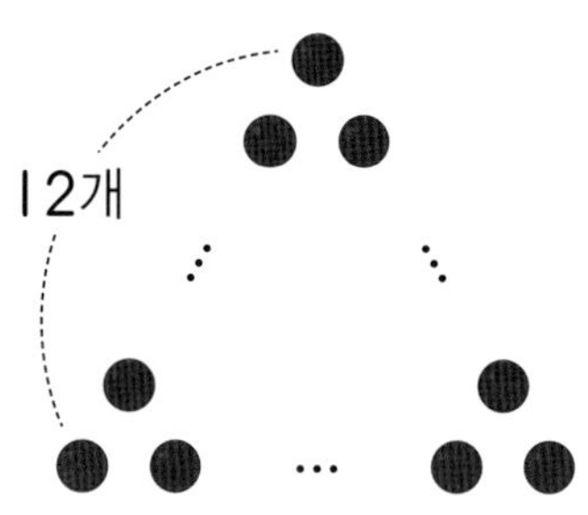

STEP 1 정삼각형을 만들어야 하므로 바둑돌을 똑같이 3묶음으로 묶고, 한 묶음에 몇 개씩인지 구해 보시오.

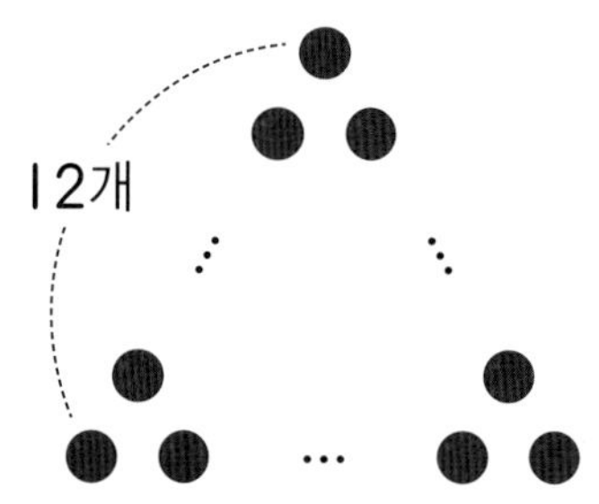

STEP 2 정삼각형을 만들 때 필요한 바둑돌의 개수를 구해 보시오.

01 바둑돌을 한 변에 10개씩 놓아 정사각형을 만들려고 합니다. 필요한 바둑돌은 몇 개인지 구해 보시오.

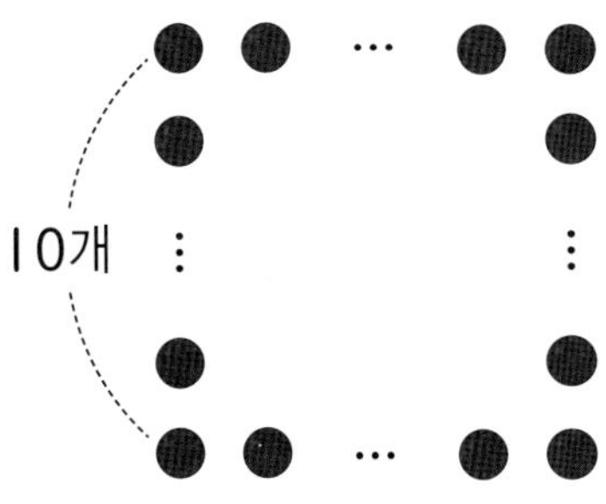

02 바둑돌 54개로 정삼각형을 만들었습니다. 한 변에 놓인 바둑돌은 몇 개인지 구해 보시오.

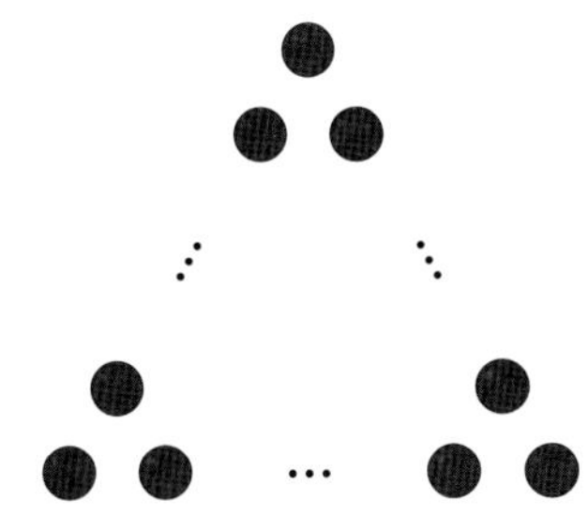

Lecture ··· 똑같이 묶어 계산하기

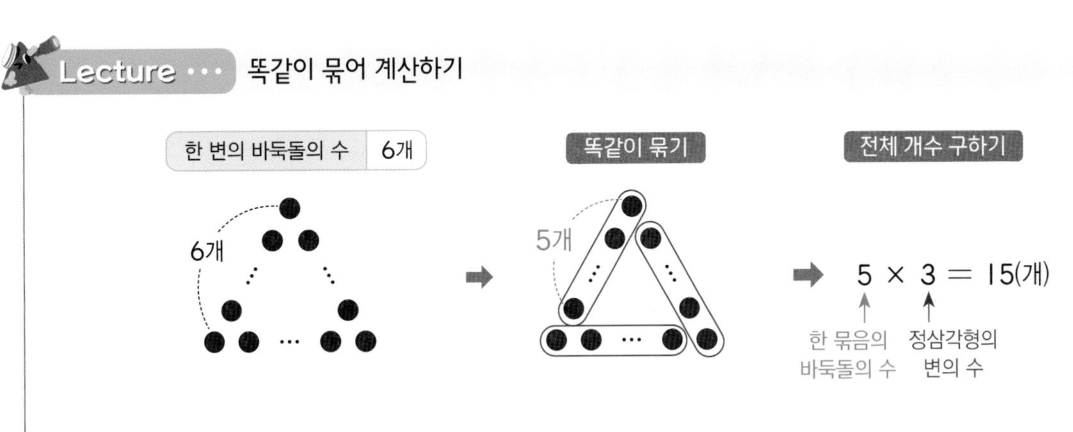

* Creative 팩토 *

01 주어진 수 카드를 알맞은 곳에 넣어 벤 다이어그램을 완성해 보시오.

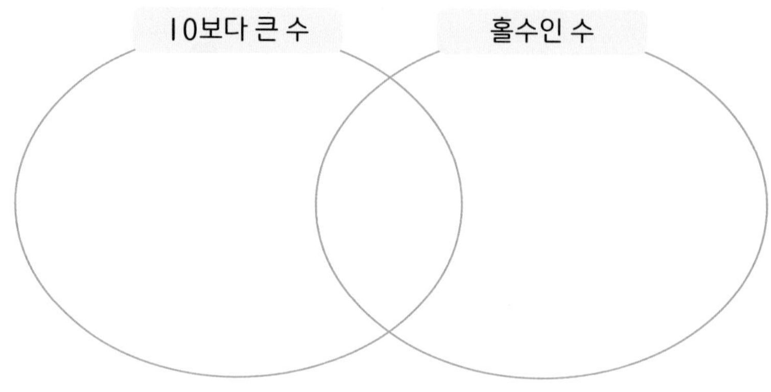

02 저울에 모양 추를 올려놓았더니 무게가 다음과 같았습니다. 각 모양 추의 무게를 구해 보시오. (단, 같은 모양의 추끼리는 무게가 같습니다.)

정답과 풀이 34쪽

03 그림과 같이 바둑돌을 한 변에 16개씩 놓아 정사각형을 만들었습니다. 이 바둑돌을 같은 방법으로 남김없이 늘어놓아 정삼각형을 만들려고 합니다. 한 변에 놓아야 할 바둑돌은 몇 개인지 구해 보시오.

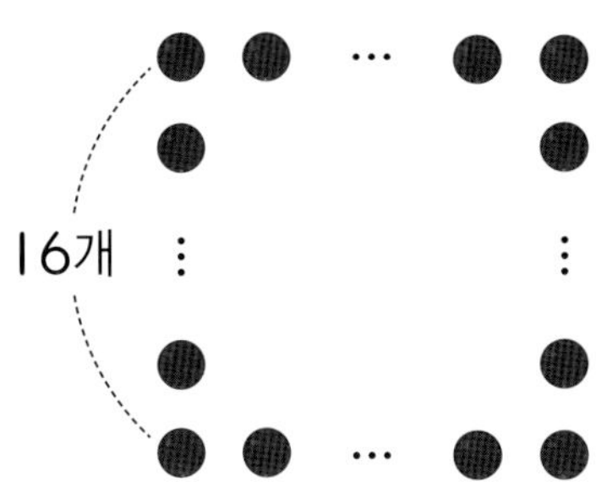

04 큰 상자 1개와 작은 상자 2개에 구슬을 담으면 117개를 담을 수 있고, 큰 상자 2개와 작은 상자 2개에 구슬을 담으면 164개를 담을 수 있습니다. 작은 상자 1개에 담을 수 있는 구슬은 몇 개인지 구해 보시오.

05 그림과 같이 여러 가지 모양의 스티커 몇 장을 가지고 한 변에 6장씩 놓아 정사각형 모양으로 붙였습니다. 스티커 한 장이 10원일 때, 정사각형 모양으로 붙이는 데 사용한 스티커의 값은 모두 얼마인지 구해 보시오.

06 어느 사탕 가게에서 딸기 맛 사탕 3개, 포도 맛 사탕 2개, 레몬 맛 사탕 1개의 가격은 1000원, 딸기 맛 사탕 2개, 포도 맛 사탕 2개의 가격은 600원, 딸기 맛 사탕 2개, 포도 맛 사탕 1개, 레몬 맛 사탕 1개의 가격은 700원입니다. 레몬 맛 사탕은 포도 맛 사탕보다 얼마가 더 비싼지 구해 보시오.

정답과 풀이 35쪽

07 여러 가지 모양 카드를 보고 벤 다이어그램에서 색칠한 부분에 들어갈 모양 카드는 몇 장인지 구해 보시오.

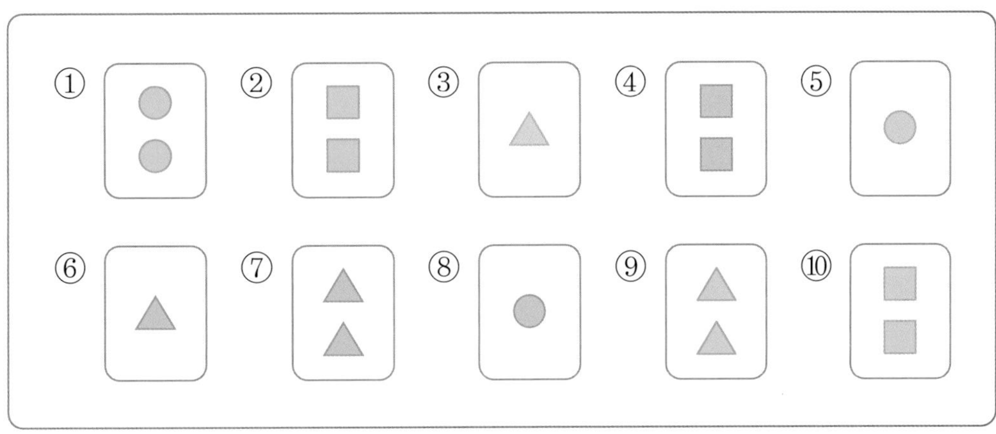

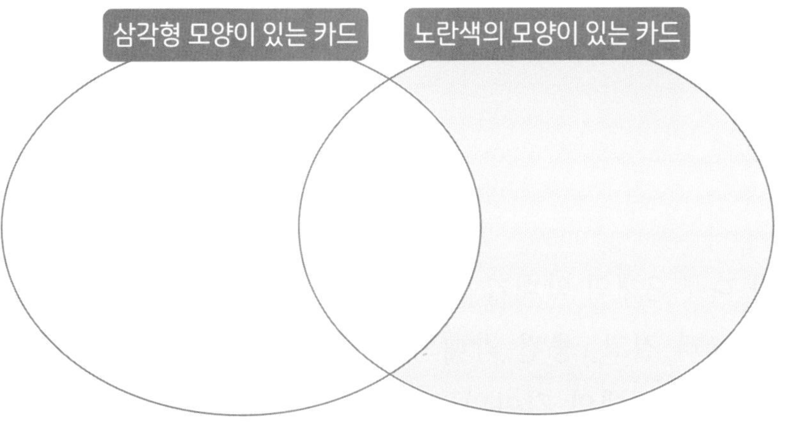

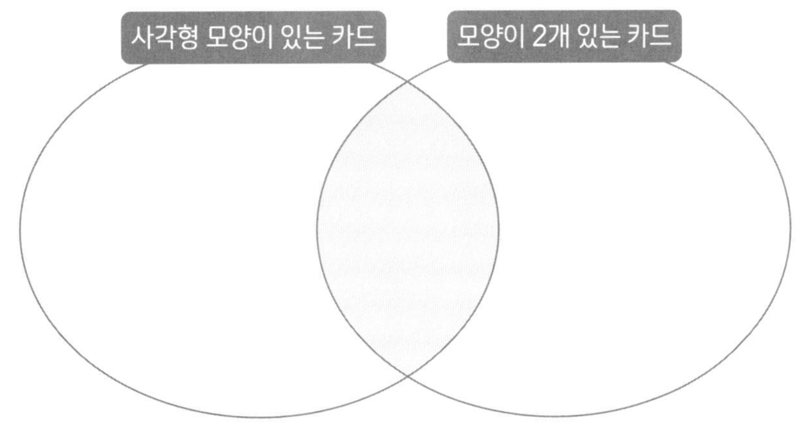

* Perfect 경시대회 *

01 다음은 민아네 자동차의 번호판입니다. 번호판의 뒤의 두 자리 수에 8을 더한 값의 절반에서 5를 뺀 값이 앞의 두 자리 수일 때, 민아네 자동차의 번호는 무엇인지 구해 보시오.

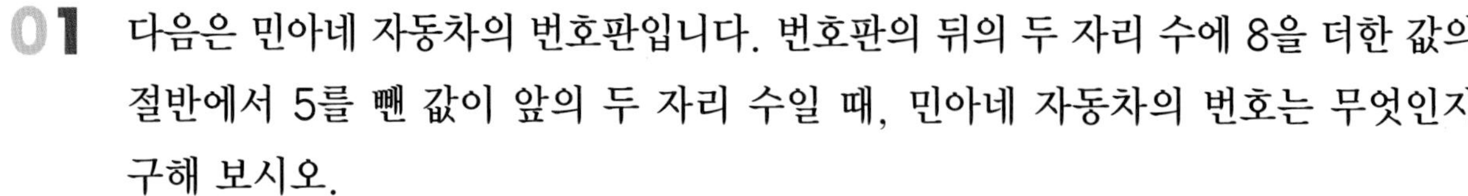

02 길이가 다른 3개의 막대가 있습니다. 가장 긴 막대의 길이는 중간 막대의 길이보다 7cm 더 길고, 중간 막대의 길이는 가장 짧은 막대의 길이보다 8cm 더 깁니다. 3개의 막대의 길이의 합이 38cm일 때 중간 길이의 막대는 몇 cm인지 구해 보시오.

정답과 풀이 36쪽

03 두 마리의 달팽이가 서로를 향해 열심히 기어가고 있습니다. 달팽이 사이의 거리는 1분에 절반씩 줄어든다고 합니다. 5분 동안 기어가 달팽이 사이의 거리가 3 cm 남았다면 처음에 두 달팽이가 떨어져 있던 거리는 몇 cm인지 구해 보시오.

04 올해 세연이는 9살, 동생은 3살, 어머니는 37살입니다. 세연이네 가족은 동생 나이의 4배 한 수와 세연이의 나이를 더한 값이 어머니의 나이와 같아지는 해에 가족 여행을 가기로 했습니다. 지금부터 몇 년 후에 여행을 가게 되는지 구해 보시오.

Challenge 영재교육원

01 벤 다이어그램에서 색칠한 부분에 들어갈 친구들은 모두 몇 명인지 구해 보시오.

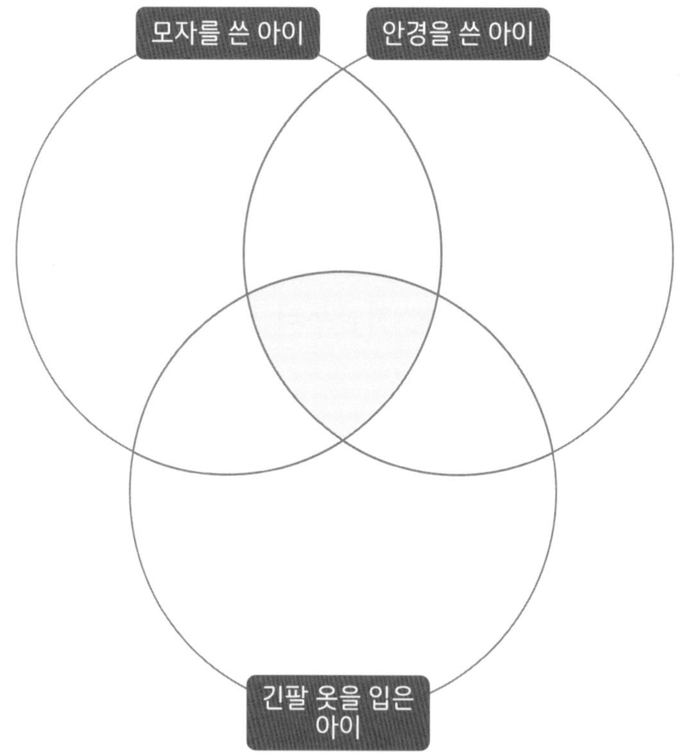

02 보기 와 같은 방법으로 블록을 돌릴 수 있습니다. 주어진 규칙에 따라 상자를 순서대로 돌렸을 때 나온 모양을 보고 처음 블록에서 ●이 그려진 면을 찾아 그려 보시오.

보기

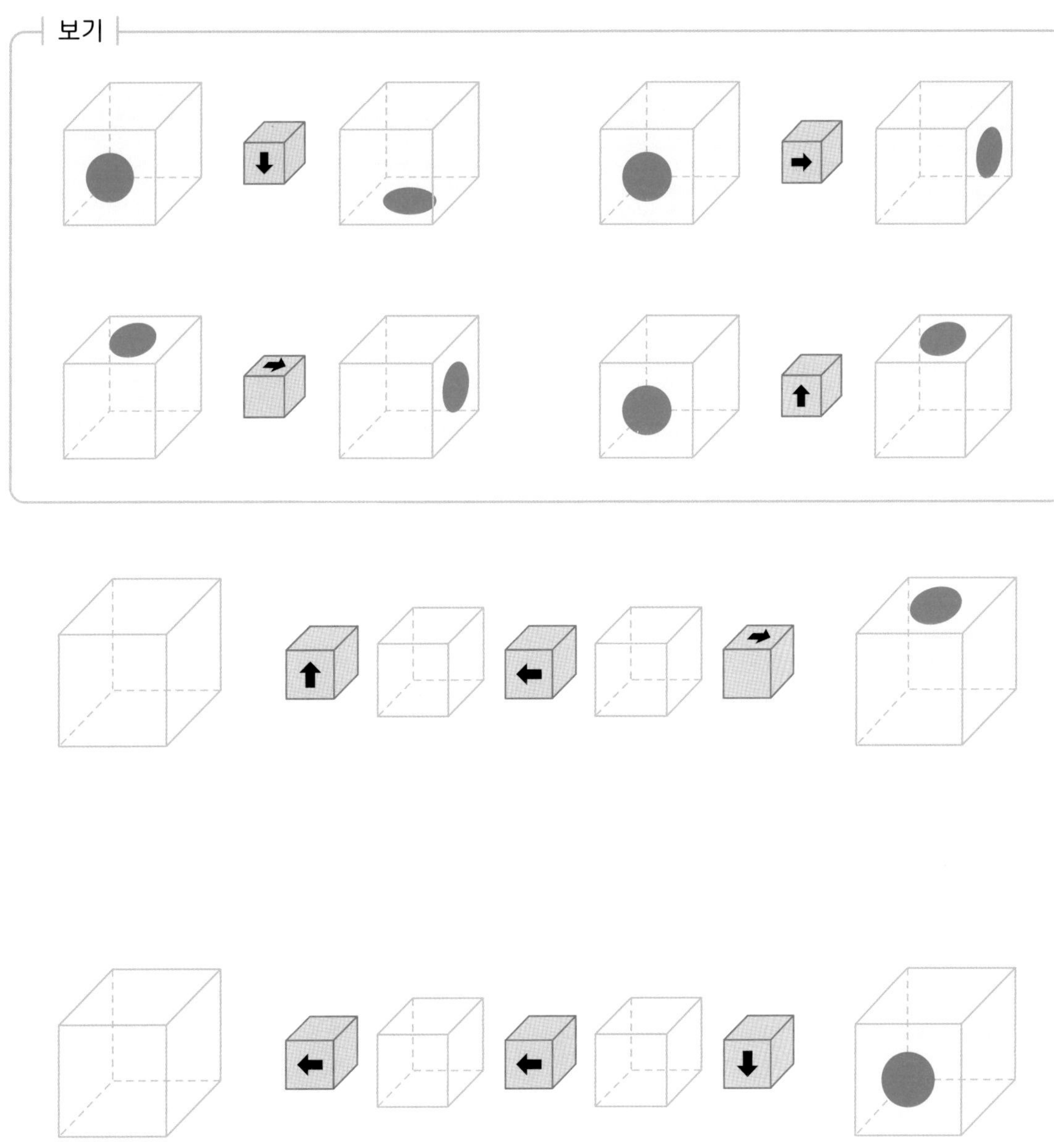

MEMO

영재학급, 영재교육원,
경시대회 준비를 위한

창의사고력 초등수학 팩토

형성 평가

총괄 평가

형성평가

규칙 영역

시험일시 | 년 월 일

이 름 |

권장 시험 시간 30분

- ✓ 총 문항 수(10문항)를 확인해 주세요.
- ✓ 권장 시험 시간(30분) 안에 문제를 풀어 주세요.
- ✓ 문제를 정확히 읽고 답을 바르게 쓰세요.
- ✓ 잘 풀리지 않는 문제가 있으면 쉬운 문제부터 해결한 후 다시 도전해 보세요.

채점 결과를 매스티안 홈페이지(https://www.mathtian.com)에 방문하여 양식에 맞게 입력해 보세요.
「형성평가 결과지」를 직접 받아보실 수 있습니다.

01 규칙을 찾아 10째 번 구슬의 색깔과 그 개수를 구해 보시오.

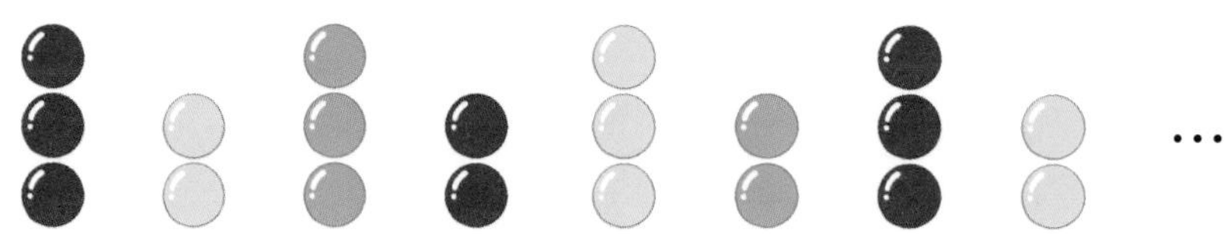

02 규칙을 찾아 마지막 모양의 빈 곳에 알맞은 수를 써넣으시오.

4, 2, 0 ➡ 3, 1, 5 ➡ 2, 4, 6 ➡ ( ), ( ), ( )

03 규칙을 찾아 ㉮, ㉯에 알맞은 수를 각각 구해 보시오.

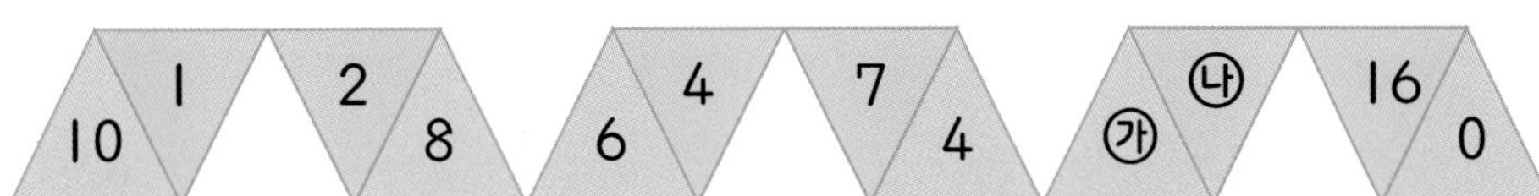

04 | 약속 |을 보고 규칙을 찾아 주어진 식을 계산해 보시오.

| 약속 |

2 ★ 7 = 10　　6 ★ 1 = 8

8 ★ 3 = 12　　9 ★ 6 = 16

(1) 5 ★ 2 = 　　(2) 4 ★ 9 =

05 규칙을 찾아 마지막 그림을 완성해 보시오.

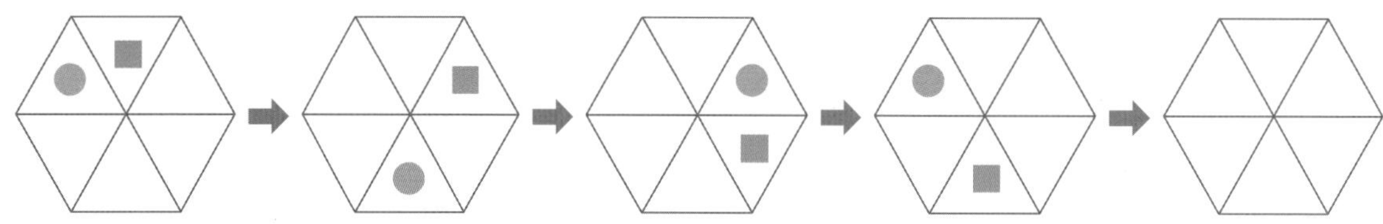

06 규칙을 찾아 ▒ 안에 알맞은 수를 써넣으시오.

35	31	27	23	19	▒

07 규칙을 찾아 마지막 모양이 나타내는 수를 구해 보시오.

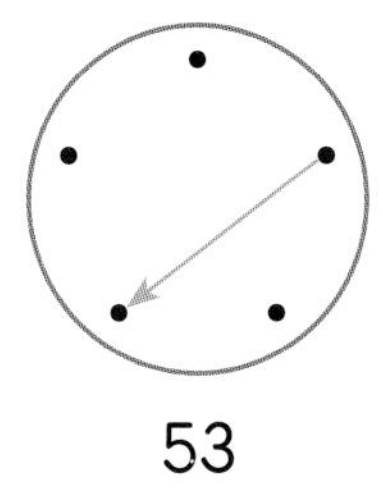
53

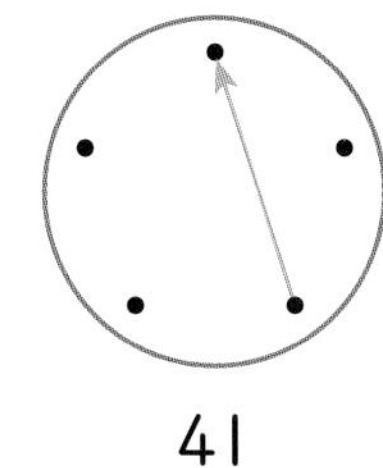
41

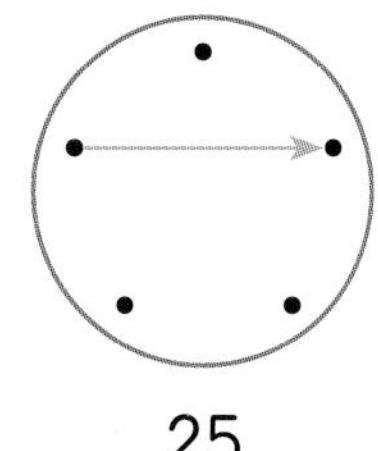
25

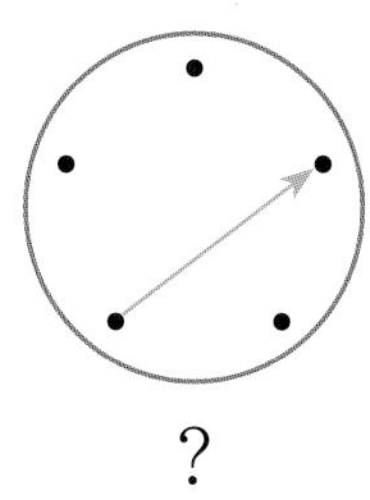
?

08 오른쪽 그림은 왼쪽 수 배열표의 일부분입니다. 수 배열표의 규칙을 찾아 ★에 알맞은 수를 구해 보시오.

1	2	3	4	5	6	7
8	9	10	11	12	13	14
15	16	17	18	19	20	21
⋮	⋮	⋮	⋮	⋮	⋮	⋮

			★
32			

09 암호의 규칙을 찾아 ▒ 안에 알맞은 단어를 써넣으시오.

10 위의 두 수와 아래 수 사이의 규칙을 찾아 빈칸에 알맞은 수를 써넣으시오.

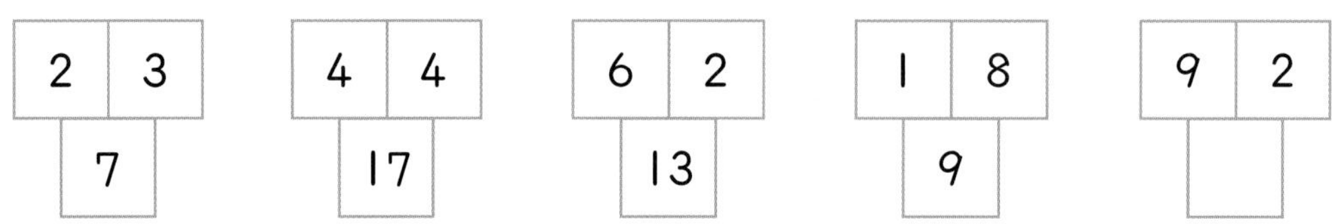

정답과 풀이 38쪽

형성평가

기하 영역

시험일시	년 월 일
이 름	

권장 시험 시간 30분

✔ 총 문항 수(10문항)를 확인해 주세요.

✔ 권장 시험 시간(30분) 안에 문제를 풀어 주세요.

✔ 문제를 정확히 읽고 답을 바르게 쓰세요.

✔ 잘 풀리지 않는 문제가 있으면 쉬운 문제부터 해결한 후 다시 도전해 보세요.

채점 결과를 매스티안 홈페이지(https://www.mathtian.com)에 방문하여 양식에 맞게 입력해 보세요.
「형성평가 결과지」를 직접 받아보실 수 있습니다.

01 거울에 비친 시계의 모습입니다. 지금 시각은 몇 시 몇 분인지 구해 보시오.

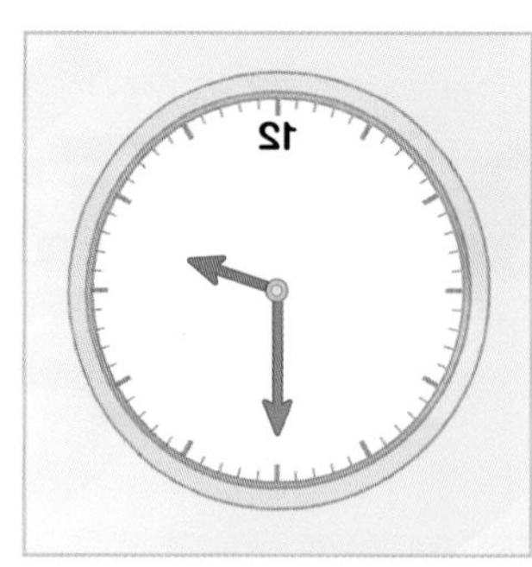

02 주어진 도형을 왼쪽으로 뒤집었을 때의 도형을 그려 보시오.

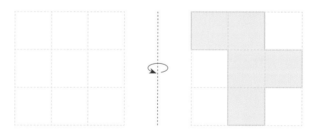

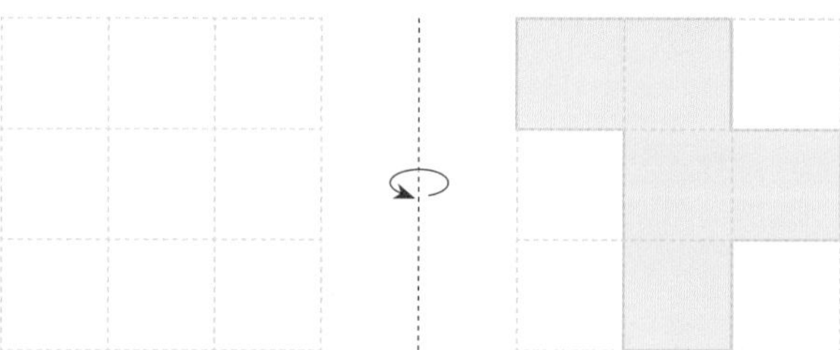

03 다음 도형에 선을 2개 긋고 그 선을 따라 잘랐을 때, 삼각형 1개와 사각형 3개가 되도록 만들어 보시오.

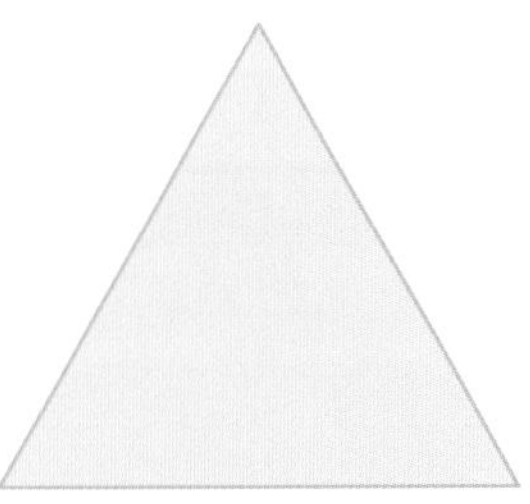

04 주어진 도형을 시계 반대 방향으로 반과 반의반 바퀴를 돌렸을 때의 도형을 그려 보시오.

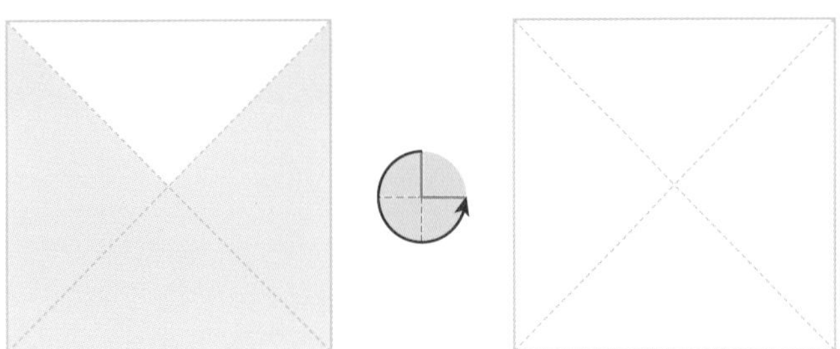

05 다음 그림에서 찾을 수 있는 크고 작은 사각형은 모두 몇 개인지 구해 보시오.

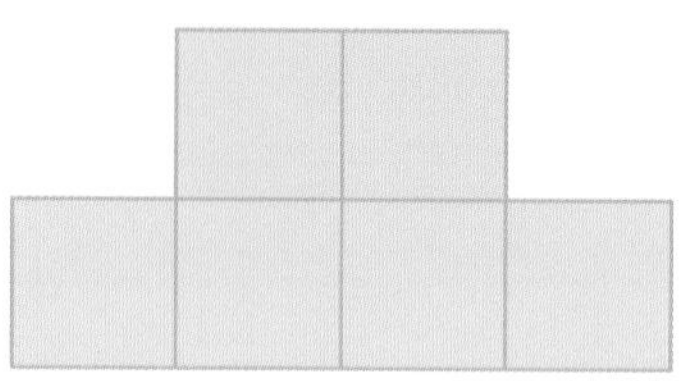

06 다음 그림에서 파란색 선은 거울을 세워 놓는 위치를, 화살표는 거울을 보는 방향을 나타내고, 수는 종이 위의 모양과 거울 속의 모양을 함께 보았을 때 점의 개수를 나타냅니다. 수, 화살표, 직선을 차례대로 나타내어 보시오.

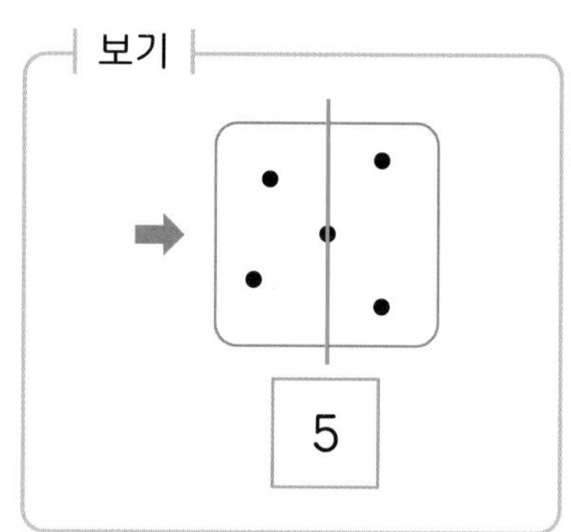

(1)
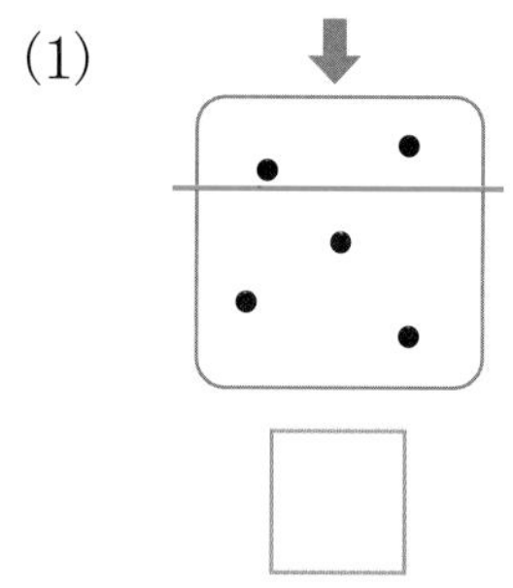

(2)
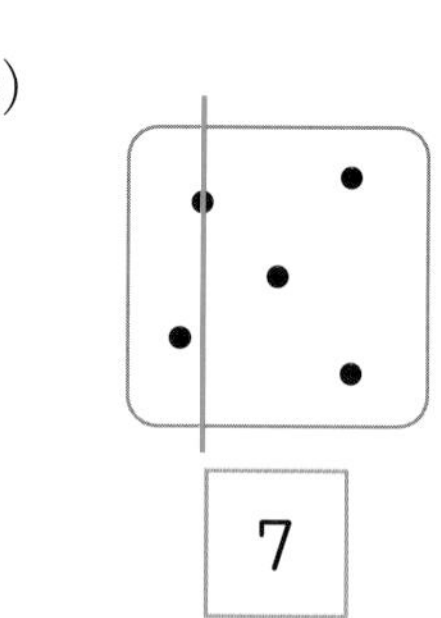

(3)
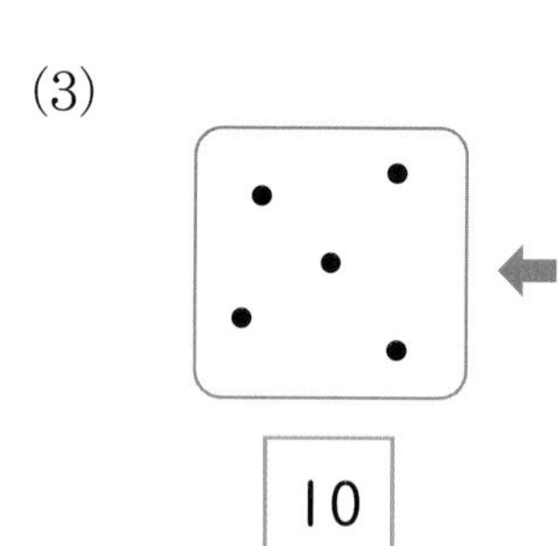

07 다음 그림에서 찾을 수 있는 크고 작은 삼각형은 모두 몇 개인지 구해 보시오.

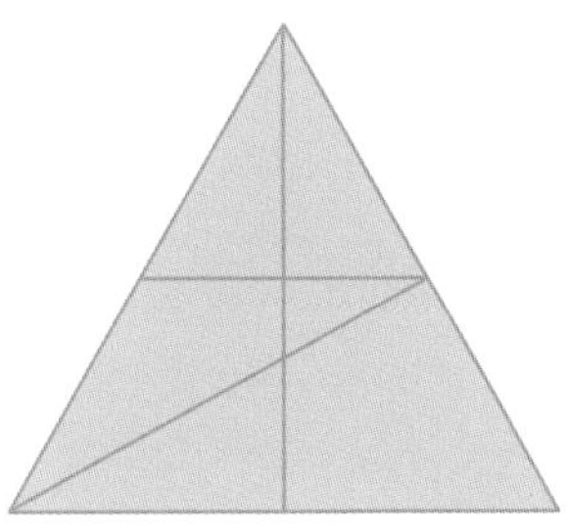

08 다음은 디지털 숫자로 만든 덧셈식을 거울에 비춘 모양입니다. ㉮와 ㉯의 합을 구해 보시오.

12 = 55 + ㉮

㉯ = 81 + eE

09 도형을 주어진 조건에 맞게 움직였을 때의 도형을 그려 보시오.

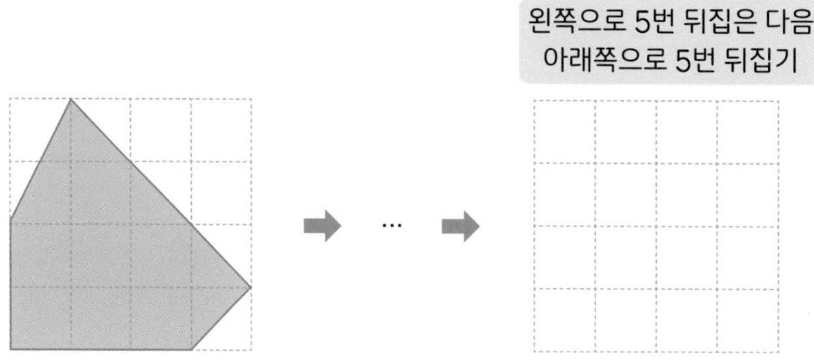
왼쪽으로 5번 뒤집은 다음
아래쪽으로 5번 뒤집기

10 다음과 같이 점 사이의 간격이 모두 같은 점 종이가 있습니다. 점 종이 위에 점을 이어서 그릴 수 있는 서로 다른 모양의 사각형은 모두 몇 가지인지 구해 보시오. (단, 돌리거나 뒤집어서 겹쳐지는 것은 한 가지로 봅니다.)

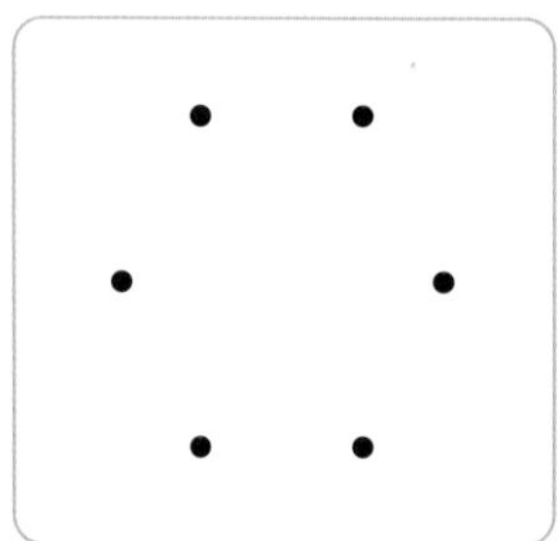

수고하셨습니다!

정답과 풀이 41쪽

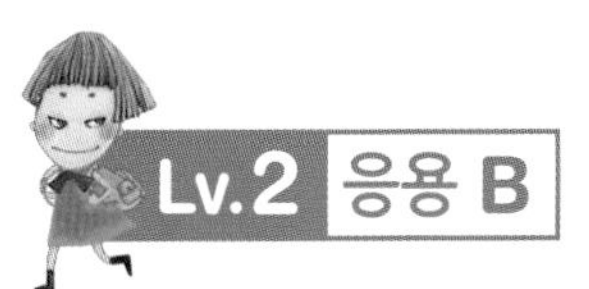

형성평가

문제해결력 영역

시험일시	년 월 일
이 름	

권장 시험 시간 30분

- ✓ 총 문항 수(10문항)를 확인해 주세요.
- ✓ 권장 시험 시간(30분) 안에 문제를 풀어 주세요.
- ✓ 문제를 정확히 읽고 답을 바르게 쓰세요.
- ✓ 잘 풀리지 않는 문제가 있으면 쉬운 문제부터 해결한 후 다시 도전해 보세요.

채점 결과를 매스티안 홈페이지(https://www.mathtian.com)에 방문하여 양식에 맞게 입력해 보세요.
「형성평가 결과지」를 직접 받아보실 수 있습니다.

01 초코 쿠키와 녹차 쿠키가 한 상자 안에 합하여 24개 들어 있습니다. 초코 쿠키가 녹차 쿠키보다 6개 더 적게 들어 있을 때 초코 쿠키와 녹차 쿠키는 각각 몇 개인지 구해 보시오.

02 올해 윤서는 3살, 동생은 2살, 언니는 8살입니다. 표를 이용하여 유주와 동생의 나이의 합이 언니의 나이와 같아지는 것은 몇 년 후인지 구해 보시오.

	올해	1년 후	2년 후	3년 후
유주의 나이(살)				
동생의 나이(살)				
언니의 나이(살)				
유주와 동생의 나이의 합				

03 주아네 반 학급 문고에 몇 권의 책이 있었습니다. 주아가 5권을 갖다 놓고, 지안이가 3권을 빌려 갔습니다. 건우가 4권을 더 갖다 놓았더니 학급 문고의 책이 15권이 되었습니다. 처음 학급 문고에 있던 책은 몇 권인지 구해 보시오.

04 어느 가게에서 초콜릿 3개와 사탕 5개의 가격은 1900원이고, 초콜릿 3개와 사탕 2개의 가격은 1300원입니다. 초콜릿 3개와 사탕 3개의 가격은 얼마인지 구해 보시오.

05 주어진 기준에 따라 알맞게 분류하여 벤 다이어그램을 완성해 보시오.

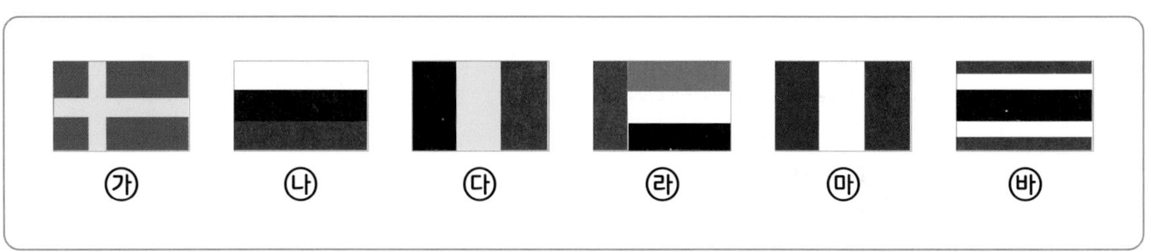

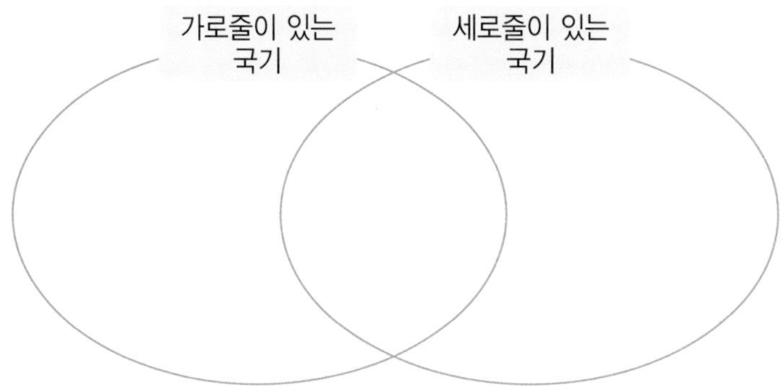

06 바둑돌을 한 변에 7개씩 놓아 정사각형을 만들려고 합니다. 필요한 바둑돌은 몇 개인지 구해 보시오.

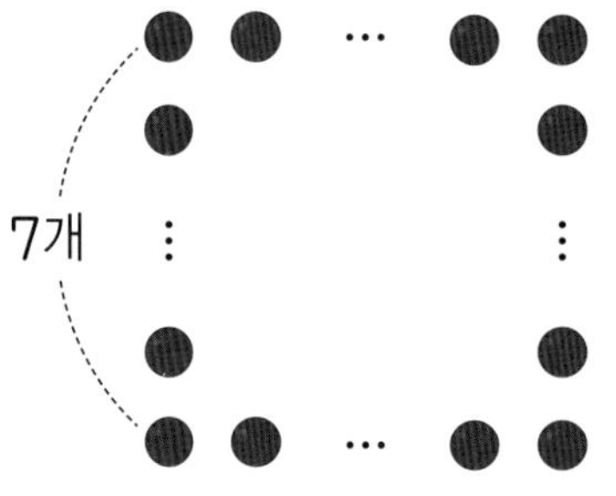

07 주머니 안에 빨간색 구슬은 초록색 구슬보다 4개 더 많고, 보라색 구슬은 초록색 구슬보다 3개 더 많습니다. 주머니 안에 들어 있는 빨간색, 초록색, 보라색 구슬이 모두 16개일 때, 초록색 구슬은 몇 개인지 구해 보시오.

08 올해 민주와 언니의 나이의 합은 11이고, 곱은 22보다 크고 32보다 작습니다. 그리고 작년에 민주와 언니의 나이의 곱은 20이었습니다. 표를 이용하여 올해 민주와 언니의 나이를 각각 구해 보시오.

올해	민주의 나이(살)	1				
	언니의 나이(살)	10				
	민주와 언니의 나이의 곱(살)	10				

09 저울에 모양 추를 올려놓았더니 무게가 다음과 같았습니다. ▢ 모양 추의 무게를 구해 보시오. (단, 같은 모양의 추끼리는 무게가 같습니다.)

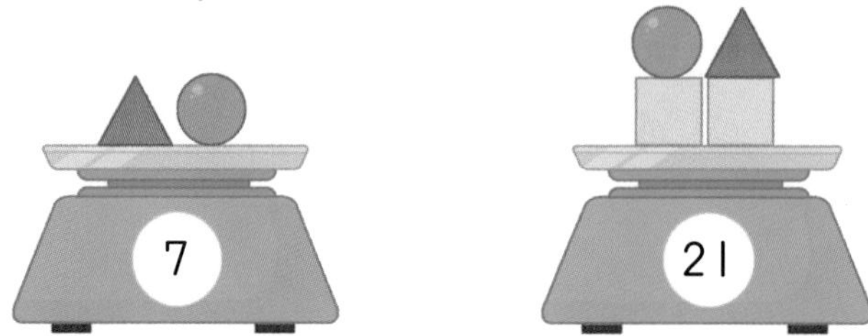

10 여러 가지 모양 카드를 보고 벤 다이어그램에서 색칠한 부분에 들어갈 모양 카드는 몇 장인지 구해 보시오.

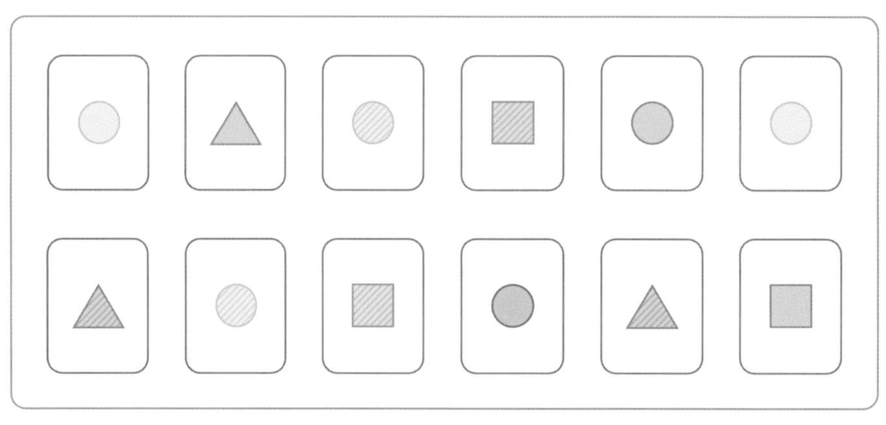

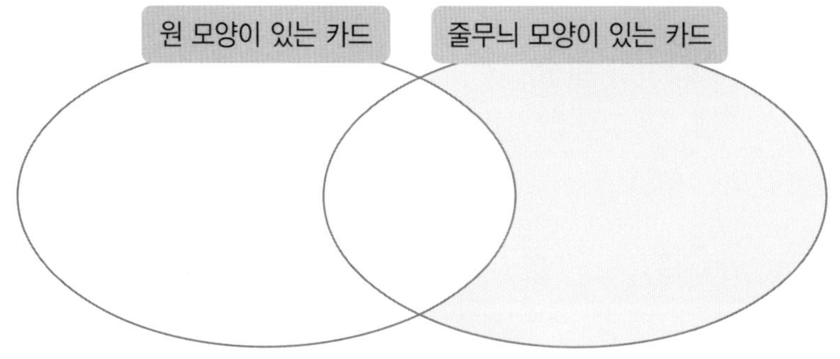

정답과 풀이 44쪽

총괄평가

권장 시험 시간	30분

시험일시	년 월 일
이 름	

- 총 문항 수(10문항)를 확인해 주세요.
- 권장 시험 시간(30분) 안에 문제를 풀어 주세요.
- 문제를 정확히 읽고 답을 바르게 쓰세요.
- 잘 풀리지 않는 문제가 있으면 쉬운 문제부터 해결한 후 다시 도전해 보세요.

채점 결과를 매스티안 홈페이지(https://www.mathtian.com)에 방문하여 양식에 맞게 입력해 보세요.
「총괄평가 결과지」를 직접 받아보실 수 있습니다.

총괄평가

01 규칙을 찾아 ㉮, ㉯에 알맞은 수를 각각 구해 보시오.

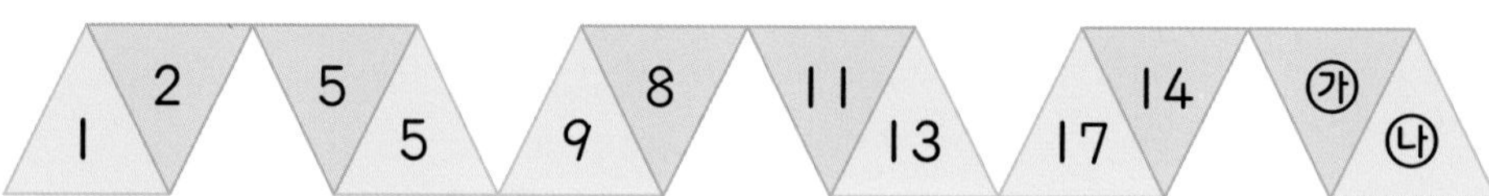

02 규칙을 찾아 빈 곳에 알맞은 수를 써넣으시오.

(1)

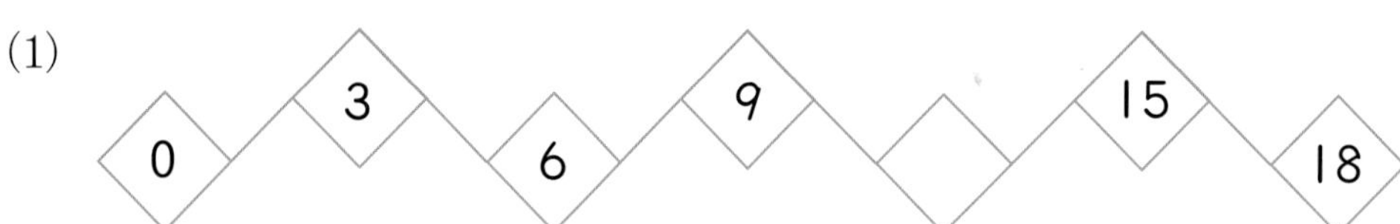

(2)

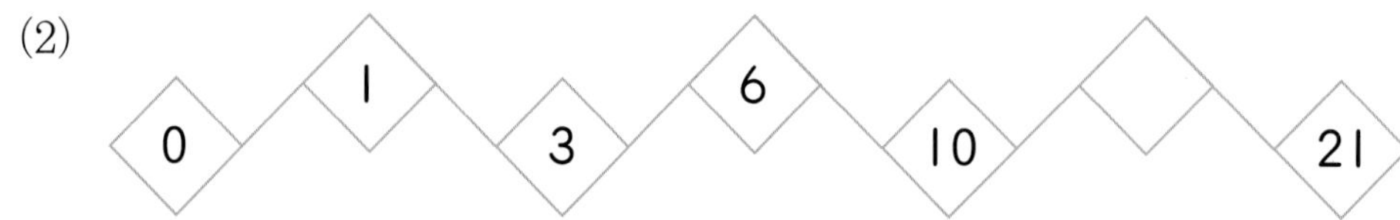

03 도형 안에 쓰인 수가 | 약속 |과 같은 규칙으로 바뀌어 나올 때, ▒ 안에 알맞은 수를 써넣으시오.

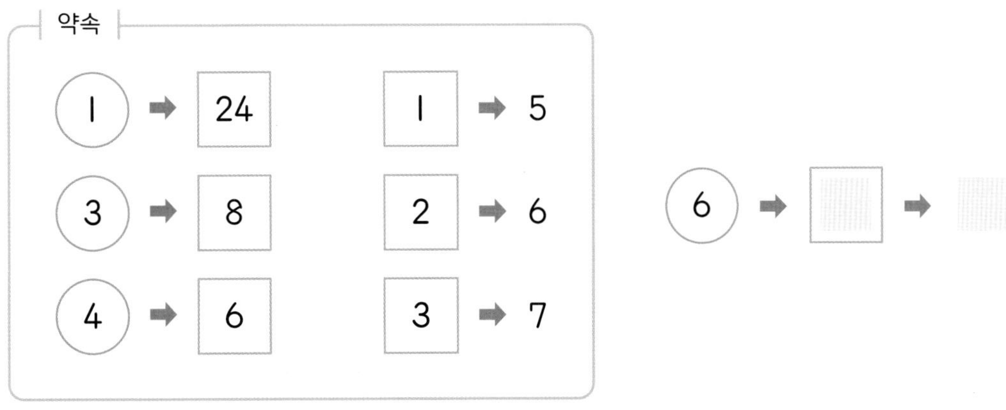

04 다음은 디지털 숫자로 만든 식을 거울에 비춘 모양입니다. ㉮와 ㉯의 합을 구해 보시오.

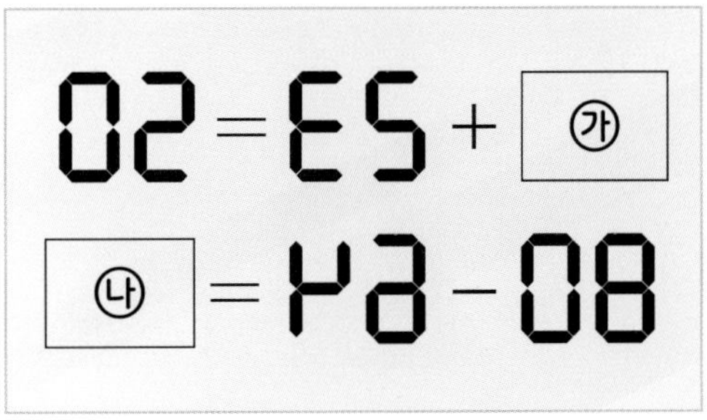

05 주어진 점을 이어 그릴 수 있는 크기가 서로 다른 정사각형은 모두 몇 가지인지 구해 보시오. (단, 돌리거나 뒤집어서 겹쳐지는 것은 한 가지로 봅니다.)

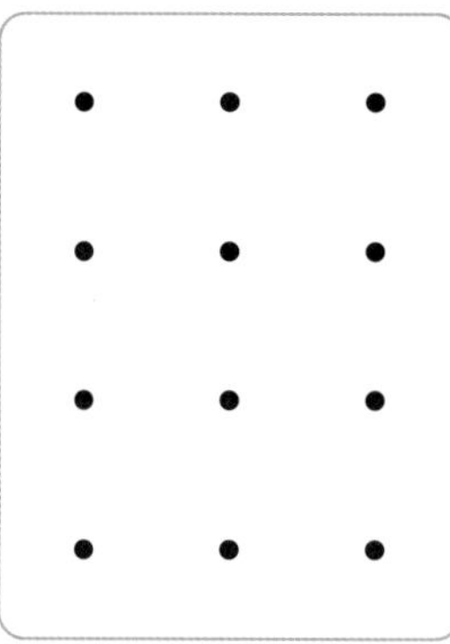

06 다음 그림에서 찾을 수 있는 크고 작은 삼각형은 모두 몇 개인지 구해 보시오.

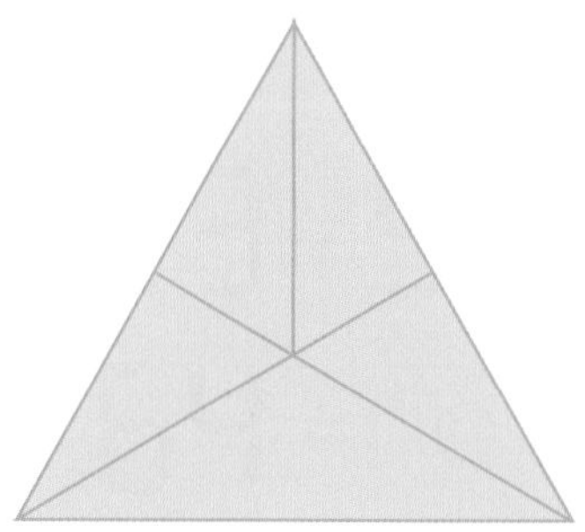

07 올해 하연이는 12살, 지은이는 3살입니다. 표를 이용하여 하연이의 나이가 지은이의 나이의 2배가 되는 것은 몇 년 후인지 구해 보시오.

	올해	1년 후	2년 후	3년 후	4년 후	5년 후	6년 후
하연이의 나이(살)							
지은이의 나이(살)							

08 버스에 승객들이 있습니다. 첫째 번 정류장에서 4명이 타고 2명이 내렸습니다. 둘째 번 정류장에서 8명이 타고 3명이 내렸습니다. 둘째 번 정류장을 지나고 승객 수를 세어 보니 11명이었습니다. 처음에 타고 있던 승객은 몇 명인지 구해 보시오.

09 지민이와 재연이가 다음과 같이 과녁에 화살 쏘기를 하였습니다. 지민이는 5번을 쏘아 35점을 얻었고, 재연이는 7번을 쏘아 45점을 얻었습니다. 초록색 과녁과 노란색 과녁은 각각 몇 점인지 구해 보시오.

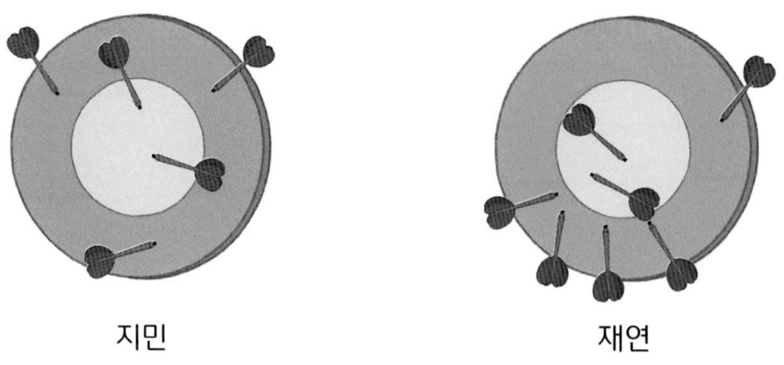

10 바둑돌을 한 변에 10개씩 놓아 정사각형과 정삼각형을 1개씩 만들려고 합니다. 정사각형을 만드는 데 필요한 바둑돌은 정삼각형을 만드는 데 필요한 바둑돌보다 몇 개 더 많은지 구해 보시오.

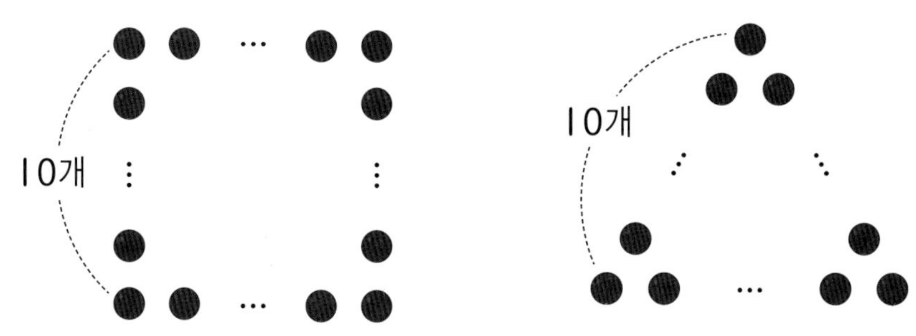

정답과 풀이 47쪽

팩토는 자유롭게 자신감있게 창의적으로 생각하는 주·니·어·수·학·자입니다.

Free Active Creative Thinking O. Junior mathtian

영재학급, 영재교육원,
경시대회 준비를 위한

창의사고력 초등수학 팩토

명확한 답
친절한 풀이

영재학급, 영재교육원,
경시대회 준비를 위한

창의사고력
초등수학

팩토

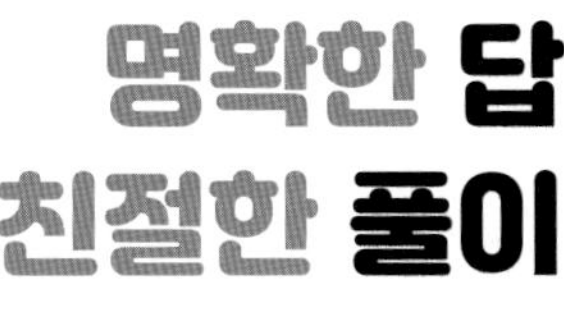

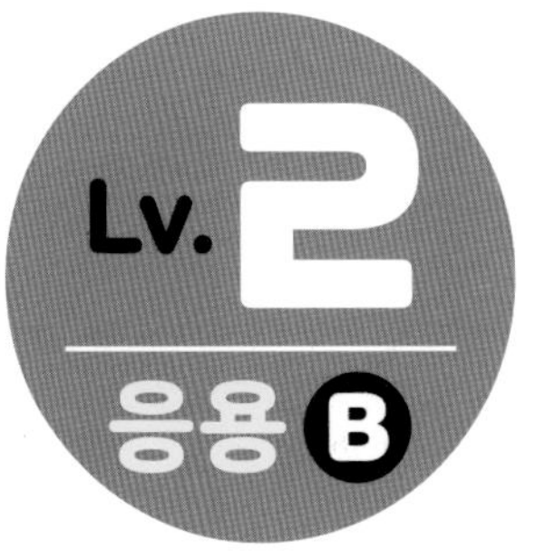

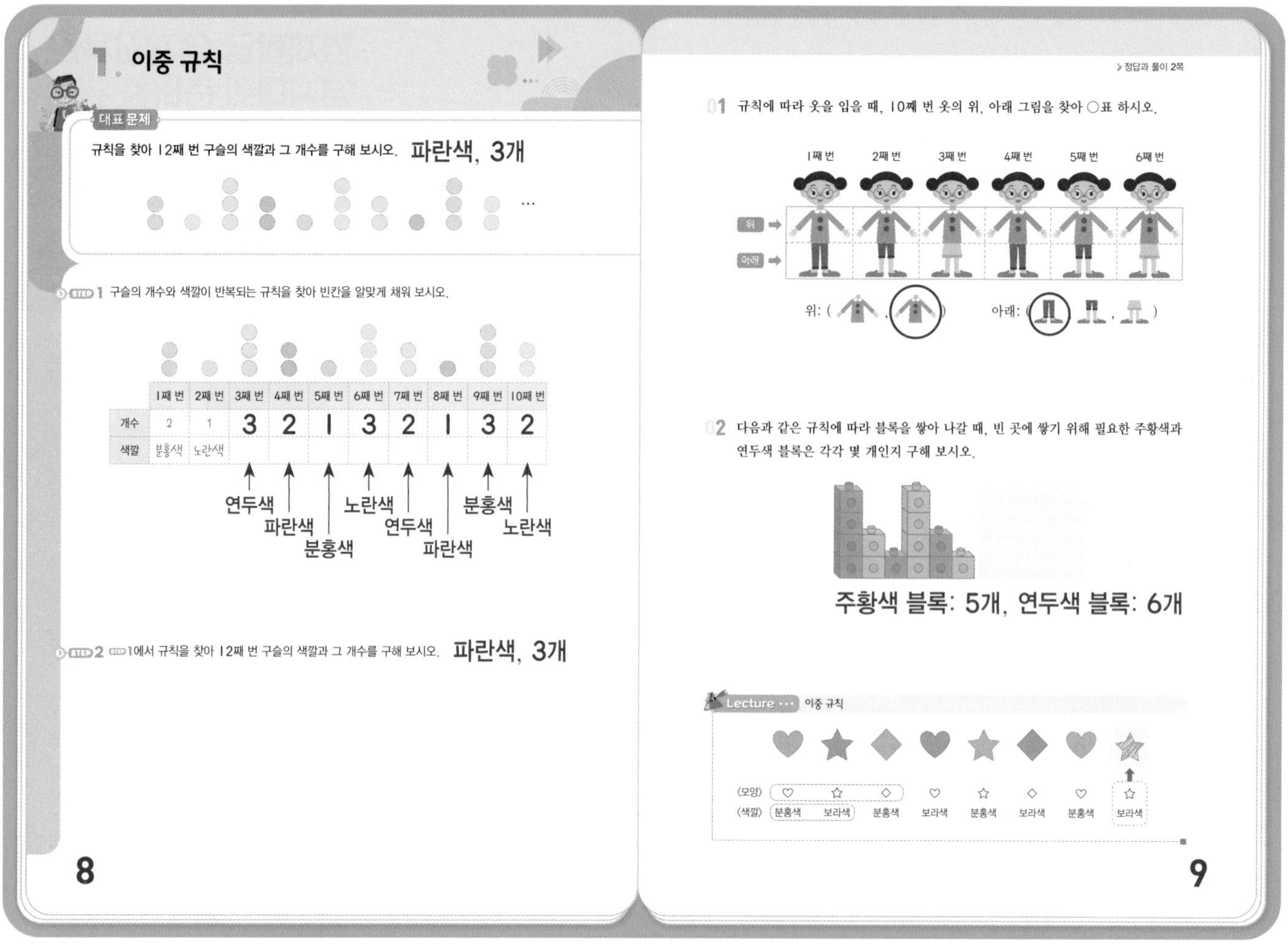

1. 이중 규칙

대표문제

규칙을 찾아 12째 번 구슬의 색깔과 그 개수를 구해 보시오. **파란색, 3개**

STEP 1 구슬의 개수와 색깔이 반복되는 규칙을 찾아 빈칸을 알맞게 채워 보시오.

	1째 번	2째 번	3째 번	4째 번	5째 번	6째 번	7째 번	8째 번	9째 번	10째 번
개수	2	1	3	2	1	3	2	1	3	2
색깔	분홍색	노란색	연두색	파란색	분홍색	노란색	연두색	파란색	분홍색	노란색

STEP 2 STEP 1에서 규칙을 찾아 12째 번 구슬의 색깔과 그 개수를 구해 보시오. **파란색, 3개**

8

정답과 풀이 2쪽

01 규칙에 따라 옷을 입을 때, 10째 번 옷의 위, 아래 그림을 찾아 ○표 하시오.

1째 번 2째 번 3째 번 4째 번 5째 번 6째 번

위 →
아래 →

위: (,) 아래: (, ,)

02 다음과 같은 규칙에 따라 블록을 쌓아 나갈 때, 빈 곳에 쌓기 위해 필요한 주황색과 연두색 블록은 각각 몇 개인지 구해 보시오.

주황색 블록: 5개, 연두색 블록: 6개

Lecture ··· 이중 규칙

〈모양〉	♡	☆	◇	♡	☆	◇	♡	☆
〈색깔〉	분홍색	보라색	분홍색	보라색	분홍색	보라색	분홍색	보라색

9

대표문제

STEP 1 개수는 '2개, 1개, 3개'가 반복되고, 색깔은 '분홍색, 노란색, 연두색, 파란색'이 반복됩니다.

STEP 2 STEP 1에서 찾은 규칙을 이용하여 12째 번 구슬의 색깔과 그 개수를 구합니다.

10째 번	11째 번	12째 번
2	1	3
노란색	연두색	파란색

따라서 12째 번 구슬의 색깔은 파란색이고 개수는 3개입니다.

01 위 옷의 색깔은 '주황색, 파란색'이 반복되므로 10째 번 위 옷의 색깔은 파란색입니다.
아래 옷의 색깔은 '파란색, 갈색, 연두색'이 반복되므로 10째 번 아래 옷의 색깔은 파란색입니다.

02 블록의 색깔은 '주황색, 연두색'이 반복되고,
개수는 '4개, 2개, 1개'가 반복됩니다.

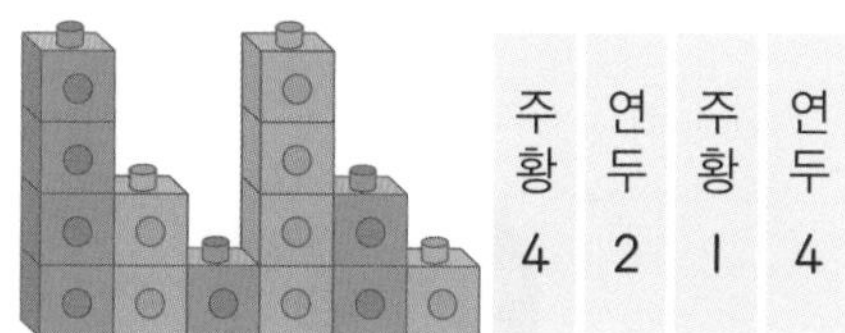

따라서 빈 곳에 쌓기 위해 필요한 주황색 블록은 $4+1=5$(개), 연두색 블록은 $2+4=6$(개)입니다.

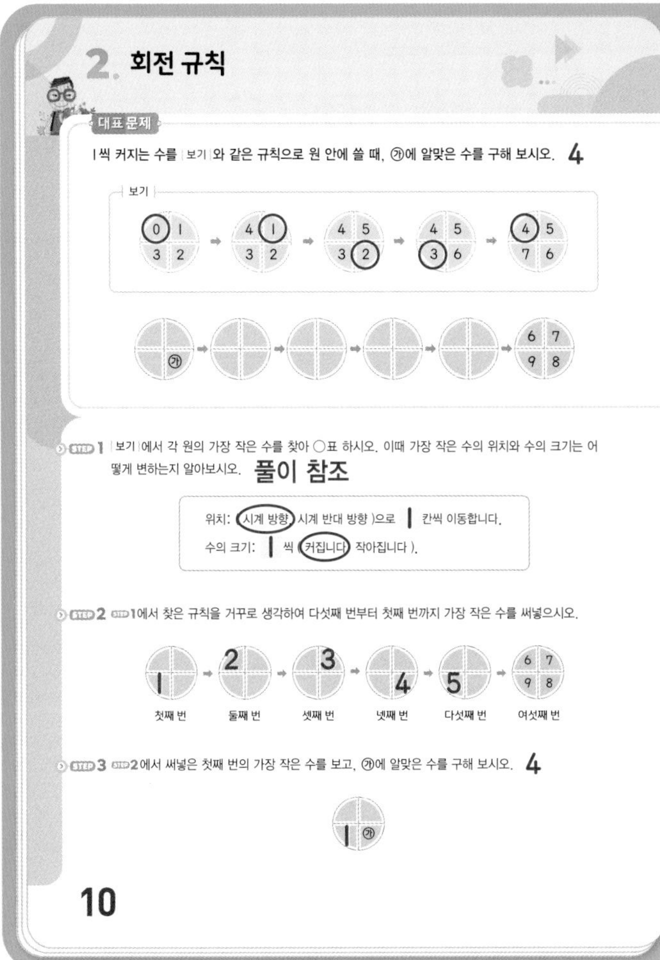

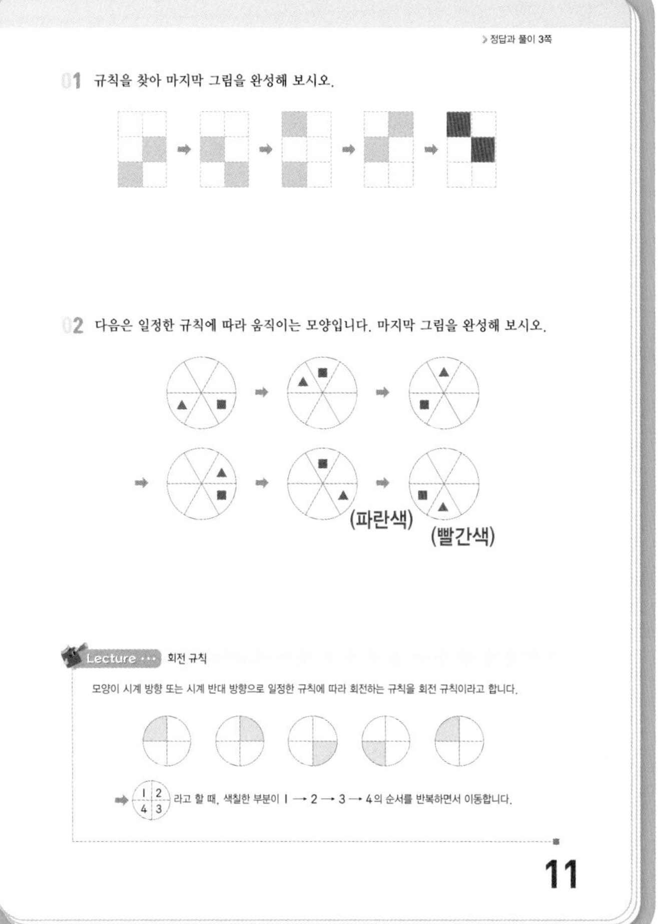

대표 문제

STEP 1 원에서 가장 작은 수는 시계 방향으로 한 칸씩 이동하고 각 원의 가장 작은 수는 1씩 커집니다.

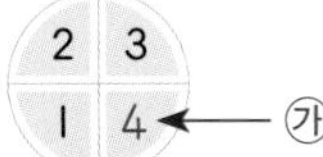

STEP 2 여섯째 번 원에서 가장 작은 수는 6이므로 다섯째 번 원에서 가장 작은 수는 5입니다. 또한 위치는 여섯째 번 원의 6의 위치에서 시계 반대 방향으로 한 칸 이동합니다.
순서대로 가장 작은 수가 1씩 작아지면서 시계 반대 방향으로 한 칸씩 이동합니다.

STEP 3 STEP 1 에서 써넣은 첫째 번의 가장 작은 수는 1이고, 1부터 시계 방향으로 2, 3, 4입니다.
따라서 ㉮에 알맞은 수는 4입니다.

01 색칠된 부분이 시계 방향으로 한 칸씩 이동합니다.

02 ▲ 모양은 시계 방향으로 한 칸씩 이동하고, ■ 모양은 시계 반대 방향으로 2칸씩 이동합니다.

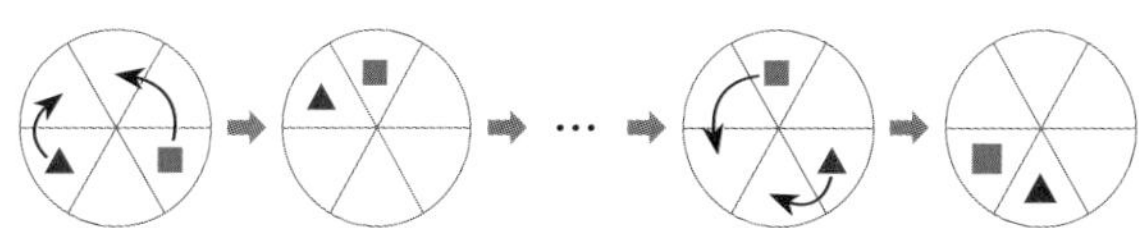

위의 방법과 다르게 ▲ 모양은 시계 반대 방향으로 5칸씩 이동하고, ■ 모양은 시계 방향으로 4칸씩 이동한 것으로 볼 수도 있습니다.

3. 수열

대표문제

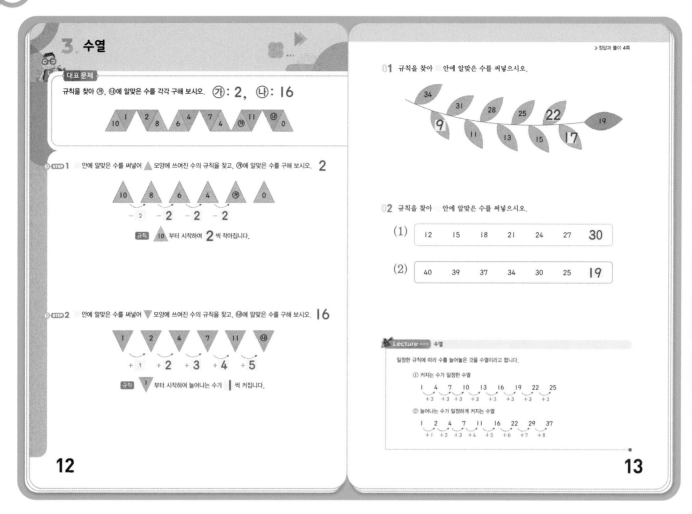

규칙을 찾아 ㉮, ㉯에 알맞은 수를 각각 구해 보시오. ㉮: 2, ㉯: 16

10 1 2 8 6 4 7 4 ㉮ 11 ㉯ 0

STEP 1 □ 안에 알맞은 수를 써넣어 ▲ 모양에 쓰여진 수의 규칙을 찾고, ㉮에 알맞은 수를 구해 보시오. 2

10 8 6 4 ㉮ 0

−2 −2 −2 −2

규칙 ▲10부터 시작하여 2씩 작아집니다.

STEP 2 □ 안에 알맞은 수를 써넣어 ▼ 모양에 쓰여진 수의 규칙을 찾고, ㉯에 알맞은 수를 구해 보시오. 16

1 2 4 7 11 ㉯

+1 +2 +3 +4 +5

규칙 ▼1부터 시작하여 늘어나는 수가 1씩 커집니다.

12

정답과 풀이 4쪽

01 규칙을 찾아 □ 안에 알맞은 수를 써넣으시오.

34 31 28 25 22 19

9 11 13 15 17

02 규칙을 찾아 □ 안에 알맞은 수를 써넣으시오.

(1) 12 15 18 21 24 27 30

(2) 40 39 37 34 30 25 19

Lecture … 수열

일정한 규칙에 따라 수를 늘어놓은 것을 수열이라고 합니다.

① 커지는 수가 일정한 수열

1 4 7 10 13 16 19 22 25

+3 +3 +3 +3 +3 +3 +3 +3

② 늘어나는 수가 일정하게 커지는 수열

1 2 4 7 11 16 22 29 37

+1 +2 +3 +4 +5 +6 +7 +8

13

대표문제

STEP 1 ▲ 모양에 쓰여진 수는 2씩 작아지는 규칙입니다.
따라서 ㉮는 4−2=2입니다.

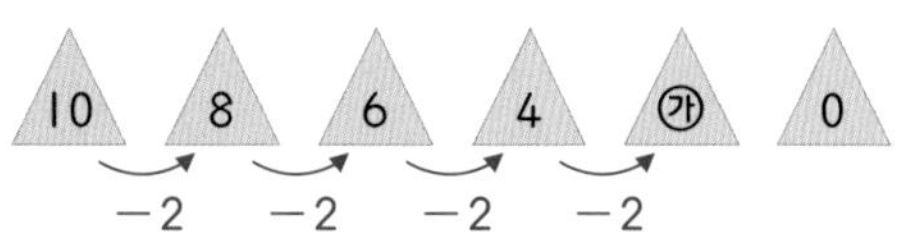

STEP 2 ▼ 모양에 쓰여진 수는 늘어나는 수가 1씩 커지는 규칙입니다.
따라서 ㉯는 11+5=16입니다.

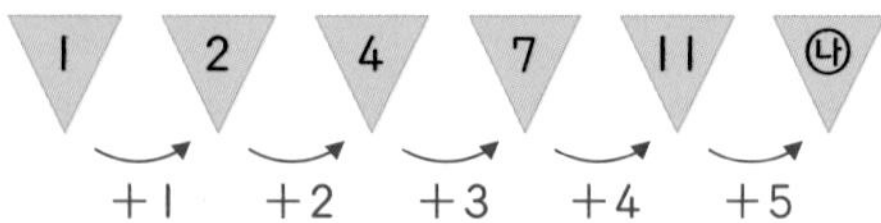

01 위쪽 나뭇잎에 쓰인 수는 34부터 시작하여 3씩 작아집니다.
아래쪽 나뭇잎에 쓰인 수는 9부터 시작하여 2씩 커집니다.

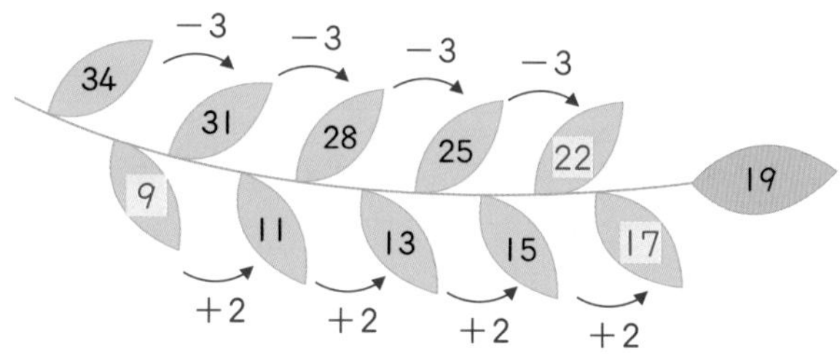

02 (1) 12부터 시작하여 3씩 커집니다.
(2) 40부터 시작하여 1, 2, 3, 4…로 줄어드는 수가 1씩 커집니다.

Creative 팩토

> 정답과 풀이 5쪽

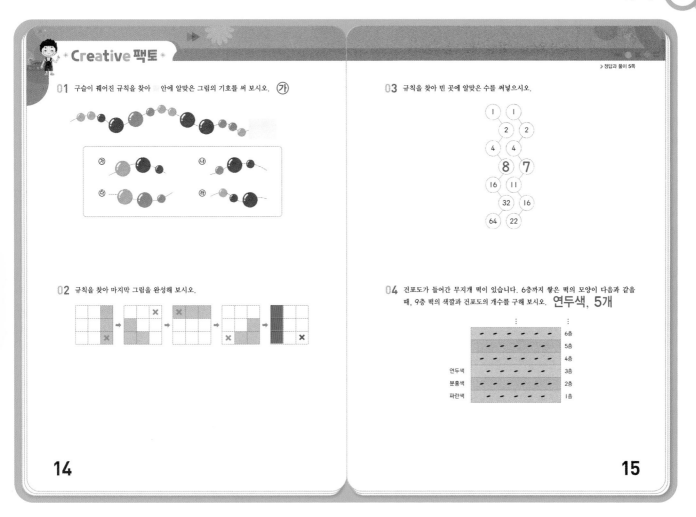

01 구슬이 꿰어진 규칙을 찾아 ☐ 안에 알맞은 그림의 기호를 써 보시오. ㉮

㉮ ㉯ ㉰ ㉱

02 규칙을 찾아 마지막 그림을 완성해 보시오.

03 규칙을 찾아 빈 곳에 알맞은 수를 써넣으시오.

1	1
2	2
4	4
8	7
16	11
32	16
64	22

04 건포도가 들어간 무지개 떡이 있습니다. 6층까지 쌓은 떡의 모양이 다음과 같을 때, 9층 떡의 색깔과 건포도의 개수를 구해 보시오. 연두색, 5개

연두색 분홍색 파란색
6층 5층 4층 3층 2층 1층

14 15

01 구슬의 색깔은 '연두색, 연두색, 보라색, 보라색, 파란색, 파란색'이 반복되고, 구슬의 크기는 '작다, 작다, 작다, 크다, 크다'가 반복됩니다.

02 색칠된 부분은 시계 방향으로 3칸씩 이동합니다.
×표는 시계 반대 방향으로 2칸씩 이동합니다.

03 파란색 원에 있는 수는 1부터 시작하여 위에 수를 2번 더한 값을 아래에 쓰는 규칙입니다.
분홍색 원에 있는 수는 1부터 시작하여 1, 2, 3, 4…로 늘어나는 수가 1씩 커지는 규칙입니다.

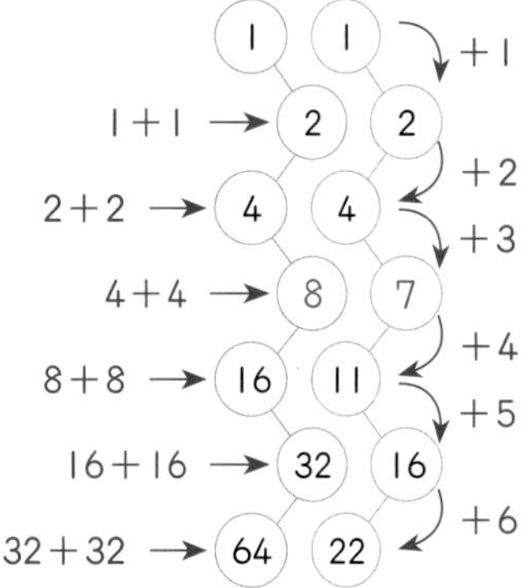

04 1층부터 한 층씩 위로 올라갈 때마다 떡의 색깔은 '파란색, 분홍색, 연두색'이 반복되고, 건포도의 개수는 '5개, 6개'가 반복됩니다.
따라서 무지개 떡의 9층은 연두색이고, 건포도는 5개입니다.

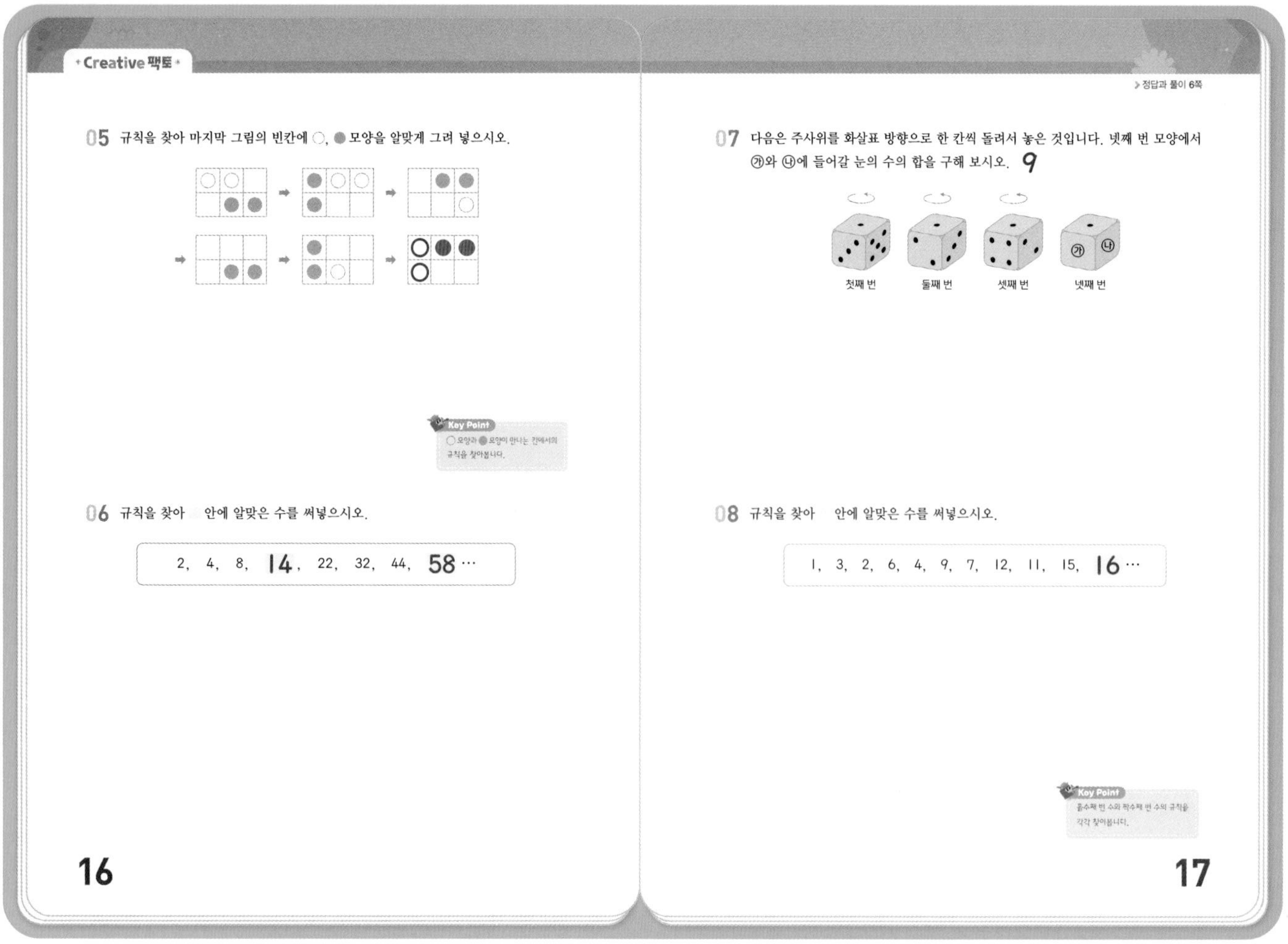

Creative 팩토

> 정답과 풀이 6쪽

05 규칙을 찾아 마지막 그림의 빈칸에 ○, ● 모양을 알맞게 그려 넣으시오.

Key Point
○ 모양과 ● 모양이 만나는 칸에서의 규칙을 찾아봅니다.

06 규칙을 찾아 ☐ 안에 알맞은 수를 써넣으시오.

2, 4, 8, 14, 22, 32, 44, 58 …

16

07 다음은 주사위를 화살표 방향으로 한 칸씩 돌려서 놓은 것입니다. 넷째 번 모양에서 ㉮와 ㉯에 들어갈 눈의 수의 합을 구해 보시오. 9

첫째 번 둘째 번 셋째 번 넷째 번

08 규칙을 찾아 ☐ 안에 알맞은 수를 써넣으시오.

1, 3, 2, 6, 4, 9, 7, 12, 11, 15, 16 …

Key Point
홀수째 번 수와 짝수째 번 수의 규칙을 각각 찾아봅니다.

17

05 ● 모양은 시계 방향으로 2칸씩 이동합니다.
○ 모양은 시계 방향으로 한 칸씩 이동합니다.
○ 모양과 ● 모양이 겹쳐지는 칸에서는 ● 모양만 나타납니다.

06 2부터 시작하여 2, 4, 6, 8… 로 늘어나는 수가 2씩 커지는 규칙입니다.

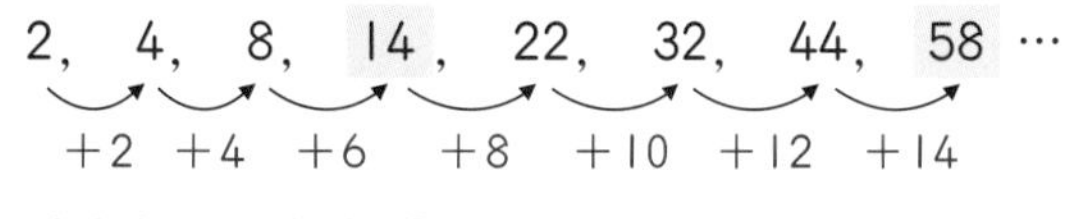

따라서 ☐ 안에 알맞은 수는 14, 58입니다.

07 앞에서 보이는 눈의 수는 첫째 번부터 3, 2, 4이고, ㉮는 첫째 번 그림에서 오른쪽 옆면의 눈의 수인 5입니다. ㉯는 셋째 번 그림의 앞면의 눈의 수인 4가 오른쪽으로 돌아간 눈의 수이므로 4입니다.

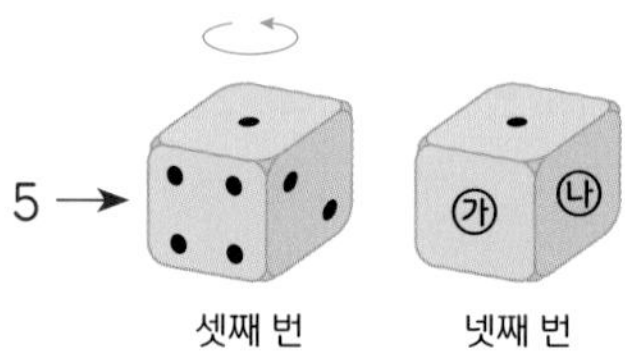

TIP 주사위의 마주 보는 눈의 수의 합은 7입니다.
주사위의 눈의 수 3과 4, 2와 5는 마주 보고 있으므로 셋째 번에 2와 마주 보는 눈의 수는 5임을 알 수 있습니다.

08 홀수째 번 수는 1, 2, 3, 4… 로 늘어나는 수가 1씩 커지고, 짝수째 번 수는 3부터 시작하여 3씩 커집니다.

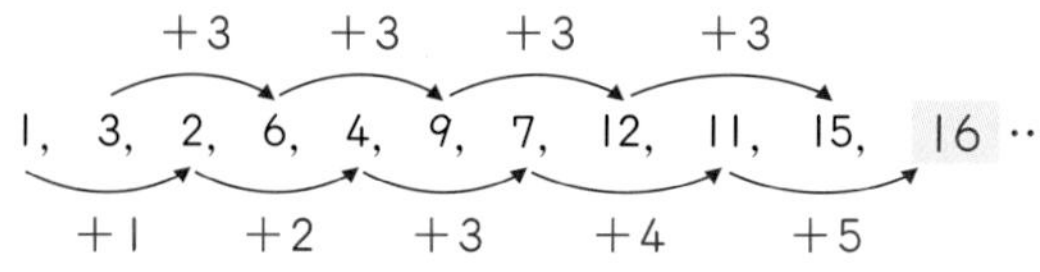

☐는 홀수째 번 수이므로 11보다 5만큼 더 큰 수인 16입니다.

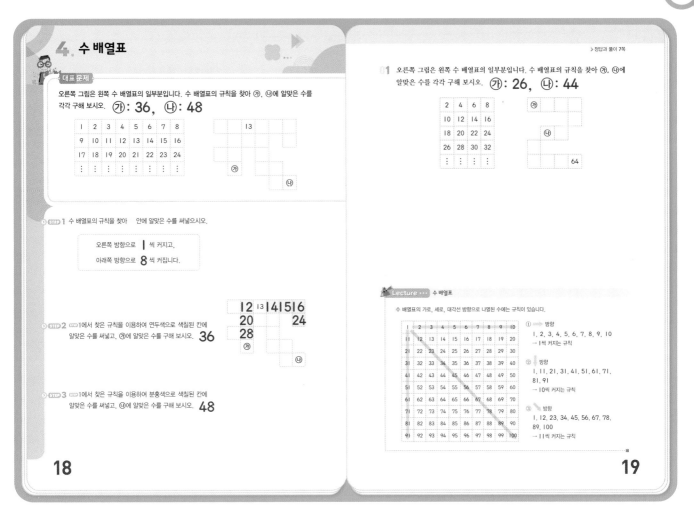

4. 수 배열표

대표 문제

오른쪽 그림은 왼쪽 수 배열표의 일부분입니다. 수 배열표의 규칙을 찾아 ㉮, ㉯에 알맞은 수를 각각 구해 보시오. ㉮: 36, ㉯: 48

1	2	3	4	5	6	7	8
9	10	11	12	13	14	15	16
17	18	19	20	21	22	23	24
⋮	⋮	⋮	⋮	⋮	⋮	⋮	⋮

13
㉮
㉯

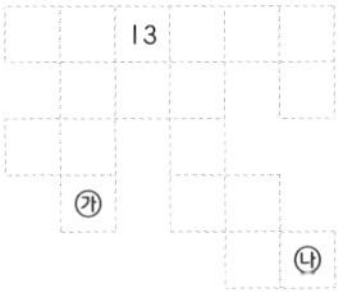

STEP 1 수 배열표의 규칙을 찾아 □ 안에 알맞은 수를 써넣으시오.

오른쪽 방향으로 1 씩 커지고,
아래쪽 방향으로 8 씩 커집니다.

STEP 2 STEP 1에서 찾은 규칙을 이용하여 연두색으로 색칠된 칸에 알맞은 수를 써넣고, ㉮에 알맞은 수를 구해 보시오. 36

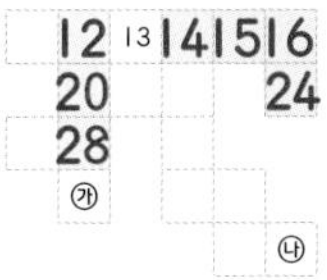

12 13 14 15 16
20 24
28
㉮
㉯

STEP 3 STEP 1에서 찾은 규칙을 이용하여 분홍색으로 색칠된 칸에 알맞은 수를 써넣고, ㉯에 알맞은 수를 구해 보시오. 48

18

정답과 풀이 7쪽

01 오른쪽 그림은 왼쪽 수 배열표의 일부분입니다. 수 배열표의 규칙을 찾아 ㉮, ㉯에 알맞은 수를 각각 구해 보시오. ㉮: 26, ㉯: 44

2	4	6	8
10	12	14	16
18	20	22	24
26	28	30	32
⋮	⋮	⋮	⋮

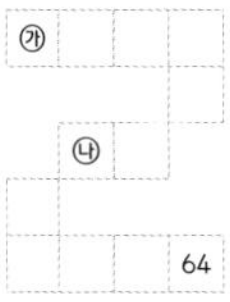

㉮
㉯
64

Lecture ··· 수 배열표

수 배열표의 가로, 세로, 대각선 방향으로 나열된 수에는 규칙이 있습니다.

1	2	3	4	5	6	7	8	9	10
11	12	13	14	15	16	17	18	19	20
21	22	23	24	25	26	27	28	29	30
31	32	33	34	35	36	37	38	39	40
41	42	43	44	45	46	47	48	49	50
51	52	53	54	55	56	57	58	59	60
61	62	63	64	65	66	67	68	69	70
71	72	73	74	75	76	77	78	79	80
81	82	83	84	85	86	87	88	89	90
91	92	93	94	95	96	97	98	99	100

① → 방향
1, 2, 3, 4, 5, 6, 7, 8, 9, 10
→ 1씩 커지는 규칙

② ↓ 방향
1, 11, 21, 31, 41, 51, 61, 71, 81, 91
→ 10씩 커지는 규칙

③ ↘ 방향
1, 12, 23, 34, 45, 56, 67, 78, 89, 100
→ 11씩 커지는 규칙

19

대표문제

STEP 1 수 배열표에서 오른쪽으로 한 칸씩 갈 때마다 1씩 커지고, 아래쪽으로 한 칸씩 갈 때마다 8씩 커지고 있습니다.

TIP 왼쪽으로 한 칸씩 갈 때마다 1씩 작아지고, 위쪽으로 한 칸씩 갈 때마다 8씩 작아진다고 생각할 수 있습니다.

STEP 2 13이 쓰여 있는 칸에서 왼쪽으로 한 칸 옆은 $13-1=12$입니다. 12가 쓰여 있는 칸에서 아래쪽으로 8씩 커지므로 ㉮에 알맞은 수는 $12+8+8+8=36$입니다.

STEP 3 13이 쓰여 있는 칸에서 오른쪽으로 1씩 커지므로 14, 15, 16이고 16이 쓰여 있는 칸에서 아래쪽으로 8씩 커지므로 ㉯에 알맞은 수는 $16+8+8+8+8=48$입니다.

01 수 배열표에서 오른쪽으로 한 칸씩 갈 때마다 2씩 커지고, 아래쪽으로 한 칸씩 갈 때마다 8씩 커지고 있습니다.
㉯에 알맞은 수는 64가 쓰여 있는 칸에서 왼쪽으로 2칸, 위로 2칸이므로 $64-2-2-8-8=44$입니다.
㉮에 알맞은 수는 44가 쓰여 있는 칸에서 위로 2칸, 왼쪽으로 한 칸이므로 $44-8-8-2=26$입니다.

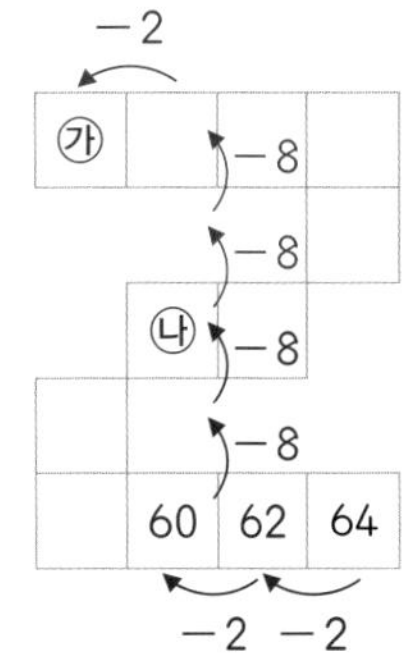

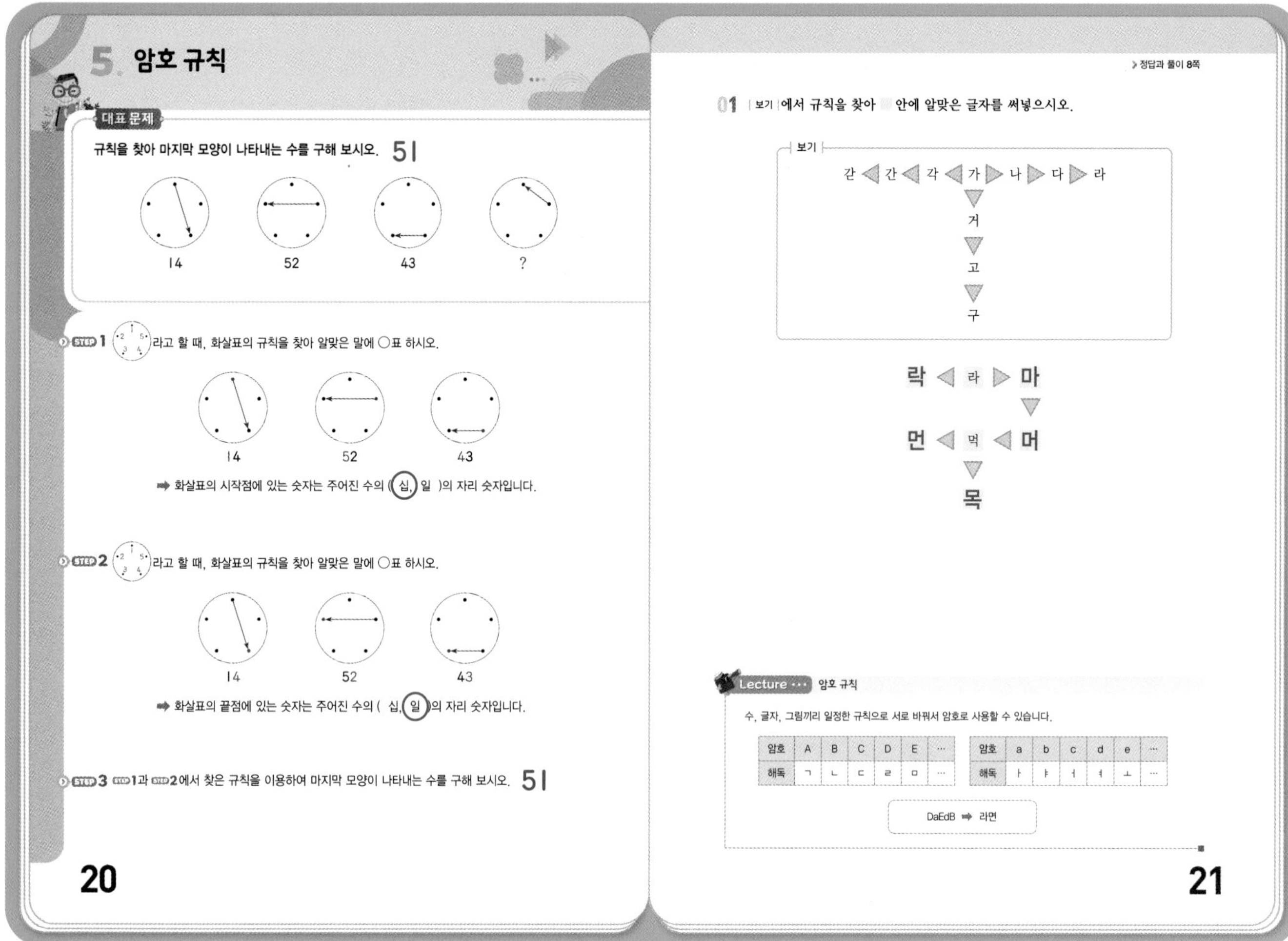

5. 암호 규칙
대표 문제
규칙을 찾아 마지막 모양이 나타내는 수를 구해 보시오. 51
14 52 43 ?
STEP 1 라고 할 때, 화살표의 규칙을 찾아 알맞은 말에 ○표 하시오.
화살표의 시작점에 있는 숫자는 주어진 수의 (십, 일)의 자리 숫자입니다.
STEP 2 라고 할 때, 화살표의 규칙을 찾아 알맞은 말에 ○표 하시오.
화살표의 끝점에 있는 숫자는 주어진 수의 (십, 일)의 자리 숫자입니다.
STEP 3 STEP 1과 STEP 2에서 찾은 규칙을 이용하여 마지막 모양이 나타내는 수를 구해 보시오. 51
20
정답과 풀이 8쪽
01 보기에서 규칙을 찾아 안에 알맞은 글자를 써넣으시오.
간 간 각 가 나 다 라
거
고
구
락 라 마
먼 먹 머
목
Lecture 암호 규칙
수, 글자, 그림끼리 일정한 규칙으로 서로 바꿔서 암호로 사용할 수 있습니다.
DaEdB → 라면
21

대표 문제

STEP 1 라고 할 때, 화살표의 규칙은 화살표의 시작점에 있는 숫자가 주어진 수의 십의 자리 숫자입니다.

STEP 2 라고 할 때, 화살표의 규칙은 화살표의 끝점에 있는 숫자가 주어진 수의 일의 자리 숫자입니다.

STEP 3 마지막 모양의 화살표의 시작점은 5를 나타내고, 화살표의 끝점은 1을 나타냅니다.
따라서 마지막 모양이 나타내는 수는 51입니다.

01 보기에서 각 삼각형의 규칙을 알아봅니다.

- ▷ 규칙은 오른쪽 방향으로 가, 나, 다, 라의 순서로 글자의 자음이 ㄱ, ㄴ, ㄷ, ㄹ…의 순서로 바뀝니다.
- ◁ 규칙은 왼쪽 방향으로 가, 각, 간, 갇의 순서로 글자의 받침이 ㄱ, ㄴ, ㄷ…의 순서로 바뀝니다.
- ▽ 규칙은 아래쪽 방향으로 가, 거, 고, 구 순서로 글자의 모음이 ㅏ, ㅓ, ㅗ, ㅜ…의 순서로 바뀝니다.

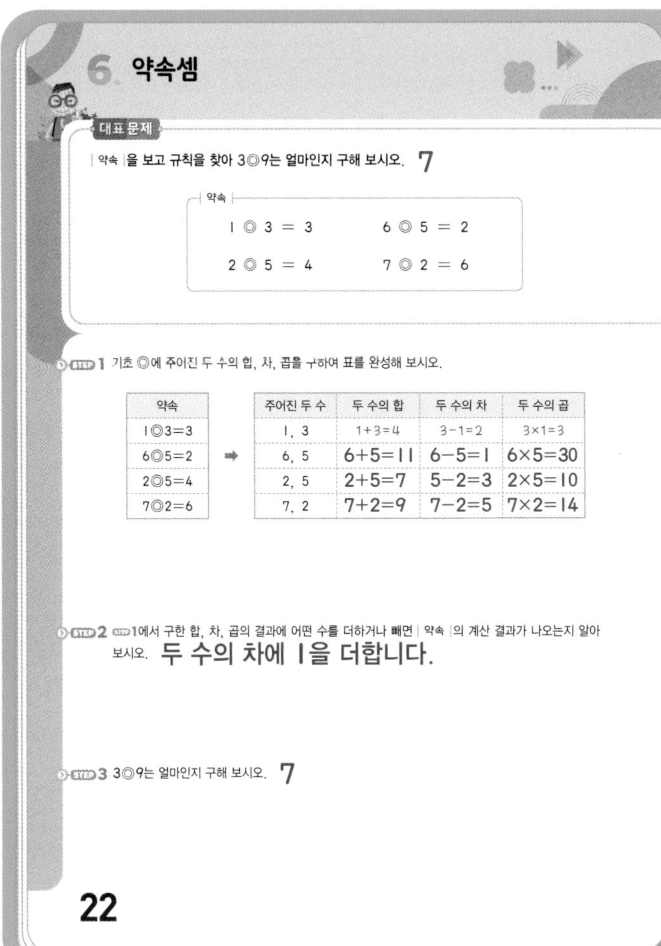

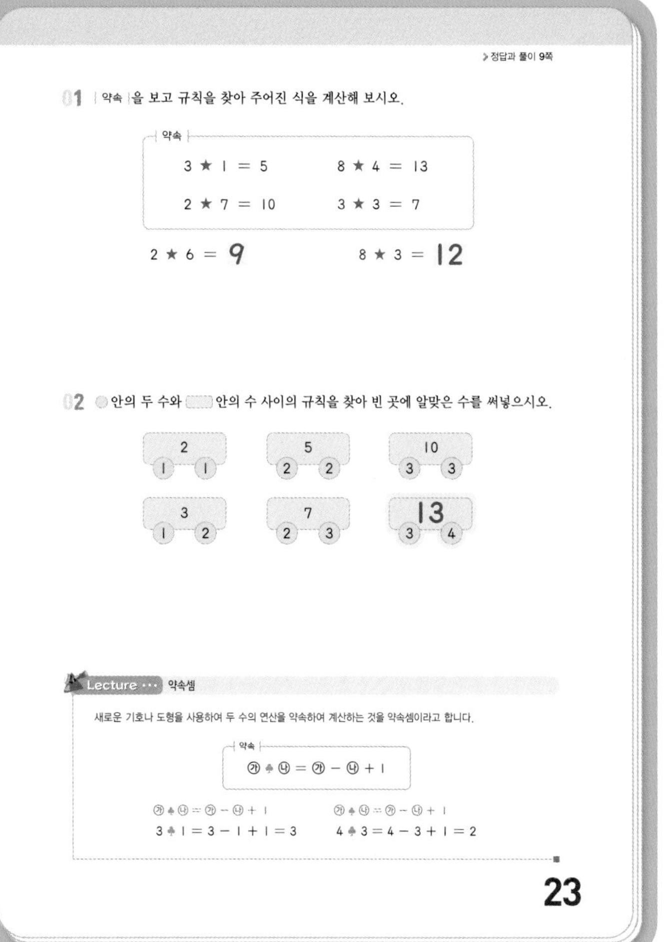

대표 문제

STEP 1 ◎의 규칙을 찾기 위해 표를 완성합니다. 두 수의 합, 두 수의 차, 두 수의 곱을 구하여 표 안에 써넣습니다.

STEP 2 두 수의 차에 1을 더하면 보기의 계산 결과가 나옵니다.

3◎1=3−1+1=3

6◎5=6−5+1=2

2◎5=5−2+1=4

7◎2=7−2+1=6

STEP 3 STEP 2 에서 찾은 규칙을 이용하여 3◎9를 구합니다.

3◎9=9−3+1=7

01 ★의 규칙은 두 수의 합에 1을 더합니다.
따라서 2★6=2+6+1=9이고,
8★3=8+3+1=12입니다.

02 ○ 안의 두 수의 곱에 1을 더하면 ▭ 안의 수가 되는 규칙입니다.
따라서 빈 곳에 알맞은 수는 3×4+1=13입니다.

Creative 팩토

01 수 배열의 규칙을 찾아 빈칸에 알맞은 수를 써넣으시오.

02 지후는 컴퓨터로 일기를 쓰다가 실수로 영어를 한글로 바꾸는 버튼을 누르지 않은 것을 알게 되었습니다. 다음 키보드 버튼을 보고 주어진 알파벳을 지후가 원래 쓰려고 했던 한글로 바꿔 보시오.

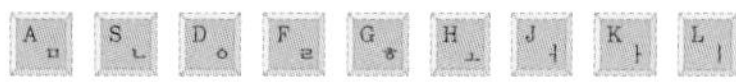

GHFKDDL GKS AKFL ➡ 호랑이 한 마리

정답과 풀이 10쪽

03 도형 안에 쓰인 수가 약속 과 같은 규칙으로 바뀌어 나올 때, 안에 알맞은 수를 써넣으시오.

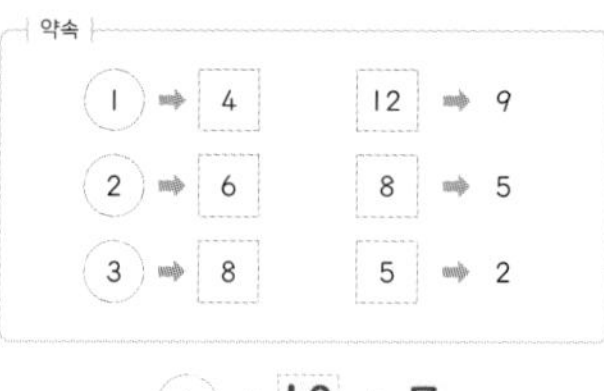

④ ➡ 10 ➡ 7

04 수 배열의 규칙을 찾아 색칠한 칸에 들어갈 수의 합을 구해 보시오. 20

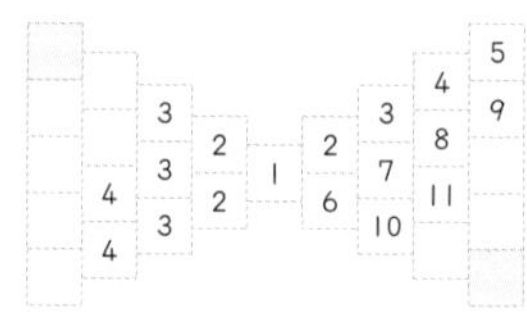

24 25

01 모양에서 위의 쓰여진 두 수의 합을 아래에 적는 규칙입니다.

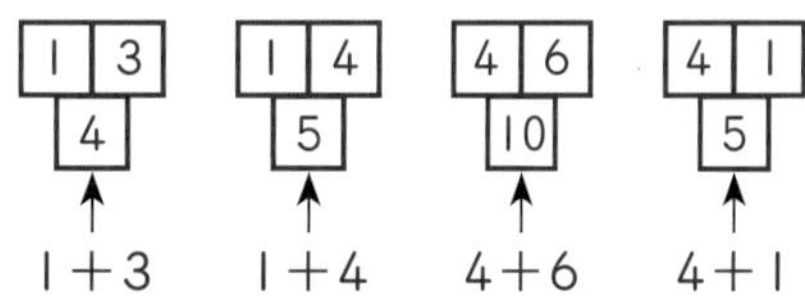

02 각각의 알파벳을 같은 버튼 아래에 있는 한글 자음 또는 모음으로 바꾸어 봅니다.

GHFKDDL GKS AKFL

➡ ㅎㅗㄹㅏㅇㅇㅣ ㅎㅏㄴ ㅁㅏㄹㅣ
호 랑 이 한 마 리

03 ○규칙: ○안에 있는 수에 2를 곱한 후 2를 더합니다.
□규칙: □안에 있는 수에서 3을 뺍니다.
따라서 ④ ➡ 10 이므로 10 ➡ 7입니다.
(10: $4\times2+2$, 7: $10-3$)

04 • 주어진 수 배열표에서 1이 쓰여 있는 칸을 기준으로 왼쪽 부분의 빈칸에는 왼쪽으로 한 칸씩 갈 때마다 1만큼 더 큰 수가 들어가고, 각각의 세로줄에는 같은 수들이 들어갑니다.
• 수 배열표의 오른쪽 부분의 빈칸에는 1부터 오른쪽 위쪽 대각선 방향으로 한 칸씩 갈 때마다 1만큼 더 큰 수가 순서대로 들어갑니다.

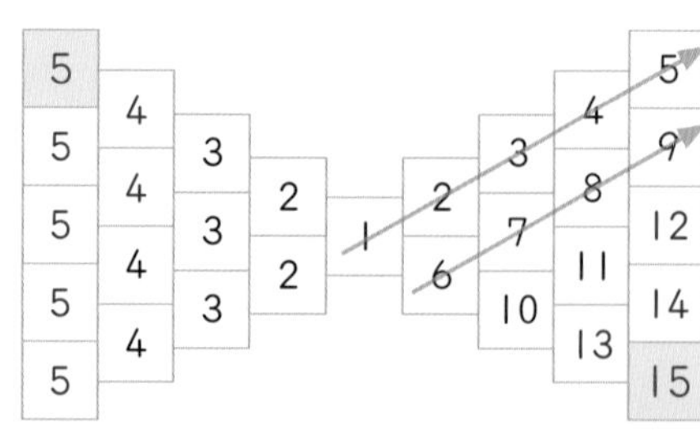

따라서 색칠한 칸에 들어갈 수의 합은 $5+15=20$입니다.

Creative 팩토

> 정답과 풀이 11쪽

05 약속 을 보고 규칙을 찾아 주어진 식을 계산해 보시오.

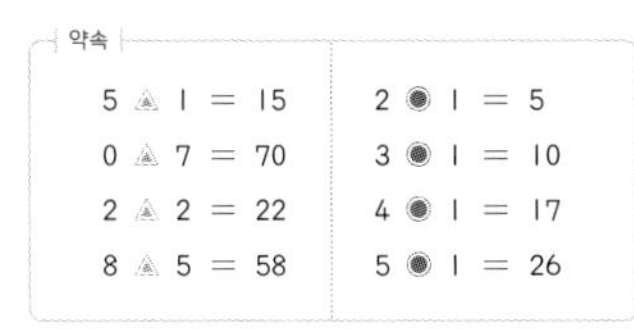

약속
5 △ 1 = 15
0 △ 7 = 70
2 △ 2 = 22
8 △ 5 = 58
2 ◉ 1 = 5
3 ◉ 1 = 10
4 ◉ 1 = 17
5 ◉ 1 = 26

2 △ 9 = 92　　6 ◉ 1 = 37

06 오른쪽 그림은 왼쪽 곱셈구구표의 일부분을 나타낸 것입니다. 빈칸에 알맞은 수를 써넣으시오.

×	1	2	3	4	5	6	···
1	1	2	3	4	5	6	···
2	2	4	6	8	10	12	···
3	3	6	9	12	15	18	···
4	4	8	12	16	20	24	···
5	5	10	15	20	25	30	···
6	6	12	18	24	30	36	···
⋮	⋮	⋮	⋮	⋮	⋮	⋮	⋱

24			
28	35	42	
	40		
		54	63

07 보기 와 같이 영어 단어를 수 암호로 나타낼 수 있습니다. 물음에 답해 보시오.

보기

영어 단어	수 암호	영어 단어	수 암호
IDEA	➡ 9 − 4 − 5 − 1	BAG	➡ 2 − 1 − 7

(1) 알파벳을 규칙에 맞게 옮겨 적으면 암호표를 만들 수 있습니다. 알파벳의 순서를 생각하여 표를 완성해 보시오.

수 암호	1	2	3	4	5	6	7	8	9
알파벳	A	B	C	D	E	F	G	H	I

Key Point
알파벳의 순서는 다음과 같습니다.
A-B-C-D-E-F-G-H-I-···

(2) (1)에서 만든 암호표를 이용하여 ☐ 안에 알맞은 영어 단어를 써넣으시오.

영어 단어	수 암호
HIGH	➡ 8 − 9 − 7 − 8
BEACH	➡ 2 − 5 − 1 − 3 − 8

05 △ 규칙: △ 기호의 오른쪽에 있는 수는 십의 자리 숫자이고, 왼쪽에 있는 수는 일의 자리 숫자입니다.

◉ 규칙: ◉ 기호의 왼쪽에 있는 수를 두 번 곱하고 오른쪽에 있는 수를 더합니다.

2◉1 $= 2 \times 2 + 1 = 5$

3◉1 $= 3 \times 3 + 1 = 10$

⋮

6◉1 $= 6 \times 6 + 1 = 37$

06 곱셈구구표의 규칙을 찾아보면

	4	5	6	7
6	24			
7	28	35	42	
8		40		
9			54	63

$24 = 6 \times 4$이고 $28 = 7 \times 4$이므로 세로 칸에 쓰여 있는 수는 6부터 시작하고, 가로 칸에 쓰여 있는 수는 4부터 시작하는 것을 알 수 있습니다.
따라서 빈칸은 $7 \times 5 = 35$, $7 \times 6 = 42$, $8 \times 5 = 40$, $9 \times 6 = 54$입니다.

07 (1) 왼쪽부터 알파벳 순서대로 표를 완성합니다.
(2) 암호표의 규칙에 맞게 수 암호를 영어 단어로 바꿉니다.

Perfect 경시대회

정답과 풀이 12쪽

01 규칙을 찾아 빈 곳에 들어갈 수 있는 그림의 기호를 써 보시오. ㉮

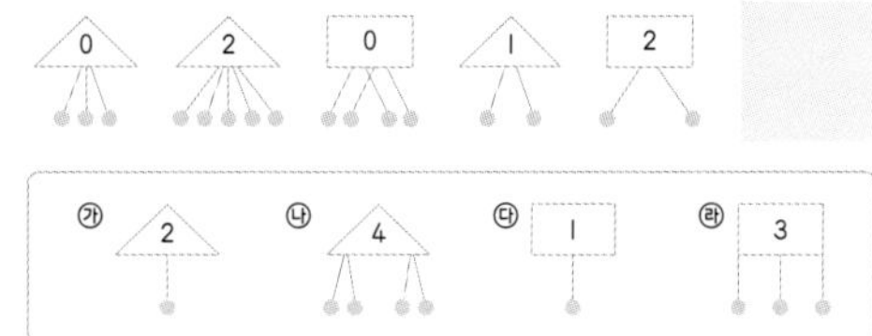

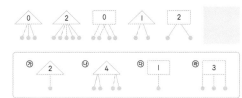

02 1부터 150까지의 수가 적힌 수 카드가 한 장씩 있습니다. 다음과 같은 규칙에 따라 수 카드를 늘어놓을 때, 늘어놓을 수 있는 수 카드는 몇 장인지 구해 보시오. 9장

03 곱셈구구표에서 분홍색으로 색칠한 부분은 가로줄과 세로줄에 있는 세 수의 합이 24로 같고, 가운데 오는 수는 8입니다. 같은 방법으로 색칠하였을 때, 가로줄과 세로줄에 있는 세 수의 합이 각각 60이면 가운데 오는 수는 무엇인지 구해 보시오. 20

×	1	2	3	4	5	…
1	1	2	3	4	5	…
2	2	4	6	8	10	…
3	3	6	9	12	15	…
4	4	8	12	16	20	…
5	5	10	15	20	25	…
⋮	⋮	⋮	⋮	⋮	⋮	⋱

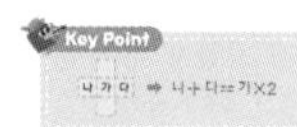

04 규칙에 따라 수를 늘어놓은 것입니다. 수를 30개 늘어놓았을 때, 늘어놓은 수들의 합을 구해 보시오. 42

1, 3, 0, 2, 1, 1, 3, 0, 2, 1, 1, 3, 0, 2, 1, 1…

28

29

01 위쪽 도형의 변의 개수와 아래쪽 다리의 개수를 각각 세어 봅니다. 도형 안의 수의 규칙을 찾아보면 도형 안의 수는 도형의 변의 개수와 다리의 개수의 차입니다.

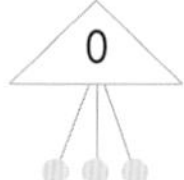

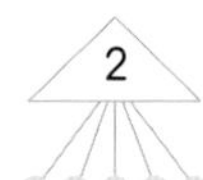

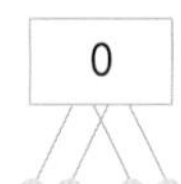

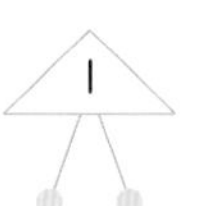

3−3=0　5−3=2　4−4=0　3−2=1　4−2=2

따라서 빈 곳에 들어갈 수 있는 그림의 기호는 ㉮(3−1=2)입니다.

02 이웃한 두 수의 차를 구해서 늘어나는 규칙을 알아보면 늘어나는 수가 4, 8, 12, 16… 이므로 늘어나는 수가 4씩 커집니다.
규칙에 따라 150까지의 수를 늘어놓으면

1, 5, 13, 25, 41, 61, 85, 113, 145

+4 +8 +12 +16 +20 +24 +28 +32

따라서 늘어놓을 수 있는 수 카드는 9장입니다.

03 곱셈구구표에서 분홍색으로 색칠한 부분의 규칙을 찾아보면 아래와 같습니다.

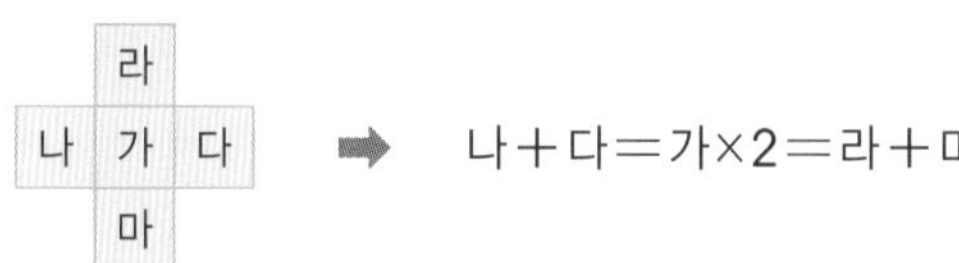

따라서 가+나+다=가+가×2=가+가+가입니다.
즉, 가+나+다=가+가+가=60이므로 가=20입니다.

04 늘어놓은 수에서 반복되는 부분을 찾아 묶어 보면 '1, 3, 0, 2, 1'이 반복되므로 수를 30개 늘어놓았을 때, '1, 3, 0, 2, 1'이 6번 반복됩니다.
다섯 개의 수의 합은 1+3+0+2+1=7이므로 30개 늘어놓은 수들의 합은 7+7+7+7+7+7=42입니다.

Challenge 영재교육원

01 암호를 해독판에 붙여서 해독해 보시오.

보기

암호: 호 룰 들 박 째 어 이 굴 온 넝 러 다

해독판의 세로 칸 수인 3만큼씩 자릅니다.

해독판
호 박 이 넝
쿨 째 굴 러
들 어 온 다

해독판에 붙이고 가로(→)로 읽습니다.

→ 해독: 호박이 넝쿨째 굴러 들어온다

(1) 암호: 밑 에 빠 물 진 붓 독 기

해독판: 밑 / 에

→ 해독: 밑 빠진 독에 물 붓기

(2) 암호: 화 고 말 못 살 주 은 줍 은 워 하 는 쏘 도 고 다

→ 해독: 화살은 쏘고 주워도 말은 하고 못 줍는다

30

정답과 풀이 13쪽

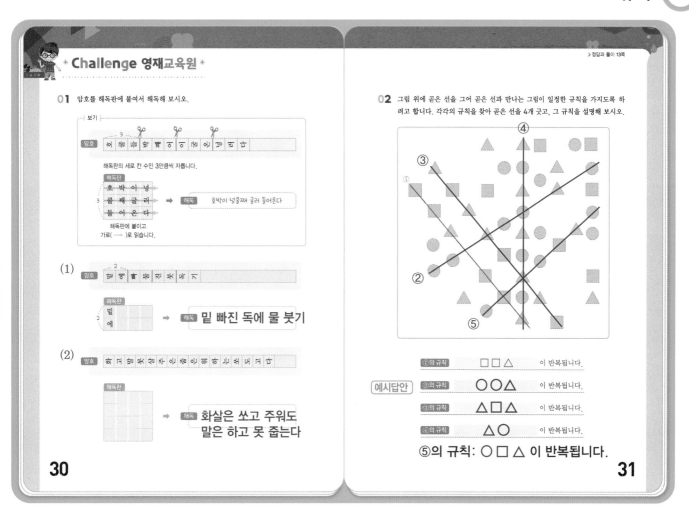

02 그림 위에 곧은 선을 그어 곧은 선과 만나는 그림이 일정한 규칙을 가지도록 하려고 합니다. 각각의 규칙을 찾아 곧은 선을 4개 긋고, 그 규칙을 설명해 보시오.

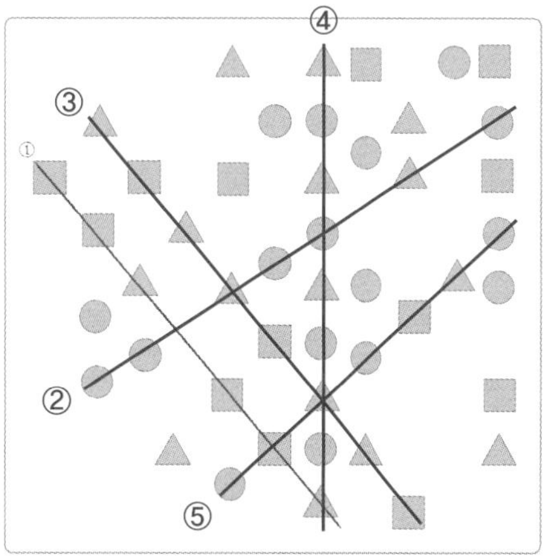

예시답안

①의 규칙: □□△ 이 반복됩니다.

②의 규칙: ○○△ 이 반복됩니다.

③의 규칙: △□△ 이 반복됩니다.

④의 규칙: △○ 이 반복됩니다.

⑤의 규칙: ○□△ 이 반복됩니다.

31

01 (1) 두 글자씩 잘라 해독판에 쓴 다음 가로로 읽어 봅니다.

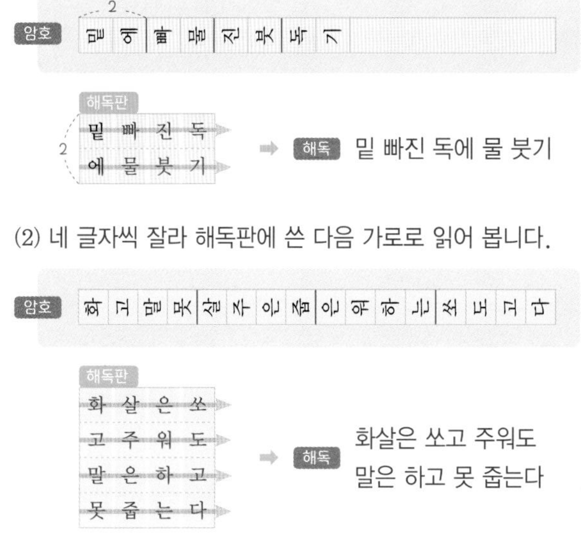

(2) 네 글자씩 잘라 해독판에 쓴 다음 가로로 읽어 봅니다.

암호: 화 고 말 못 살 주 은 줍 은 워 하 는 쏘 도 고 다

해독판
화 살 은 쏘
고 주 워 도
말 은 하 고
못 줍 는 다

→ 해독: 화살은 쏘고 주워도 말은 하고 못 줍는다

02 TIP 곧은 선을 이용하여 다양한 규칙을 찾을 수 있도록 지도합니다. 규칙을 찾아 반복되는 부분을 설명할 수 있으면 정답으로 인정합니다.

1. 도형 밀기와 뒤집기

대표 문제

보기 와 같이 네 방향으로 뒤집을 때 모양이 바뀌지 않는 글자를 모두 찾아 번호를 써 보시오. ②, ④

보기: 위쪽으로 뒤집기 / 왼쪽으로 뒤집기 / 오른쪽으로 뒤집기 / 아래쪽으로 뒤집기

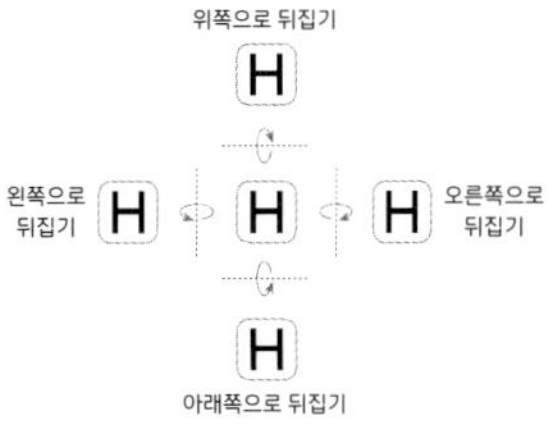

① ㄹ ② ㅁ ③ ㅂ ④ ㅇ ⑤ ㅌ

STEP 1 글자를 위쪽으로 뒤집은 모양을 그려 보시오.

STEP 2 글자를 아래쪽으로 뒤집은 모양을 그려 보시오.

STEP 3 글자를 왼쪽과 오른쪽으로 뒤집은 모양을 각각 그려 보시오.

왼쪽:

오른쪽:

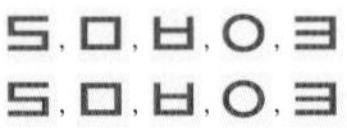

STEP 4 네 방향으로 뒤집을 때 모양이 바뀌지 않는 글자를 모두 찾아 번호를 써 보시오.

②, ④

34

▶ 정답과 풀이 14쪽

01 다음 9개의 그림 조각 중 밀어서 움직인 조각을 모두 찾아 번호를 써 보시오.

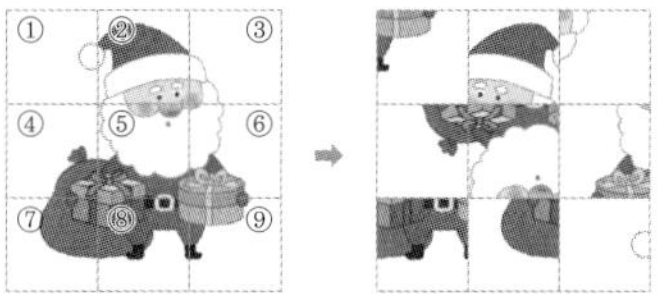

①, ⑦, ⑧, ⑨

02 상호가 교실 안에서 유리창에 그림을 그린 것을 보고, 운동장에 있던 재영이가 그 그림을 모래 위에 따라 그렸습니다. 상호가 그린 그림을 그려 보시오.

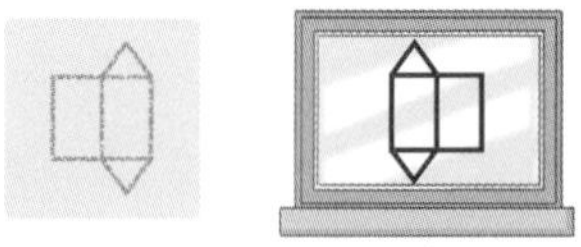

<운동장 모래에 그린 그림> <교실 안 유리창에 그린 그림>

Lecture ··· 도형 밀기와 뒤집기

도형 밀기: 도형을 위쪽, 아래쪽, 왼쪽, 오른쪽으로 밀어도 모양은 변하지 않습니다.

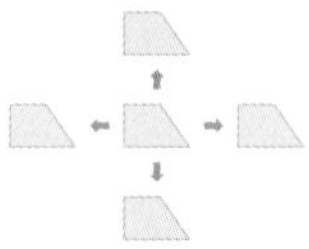

도형 뒤집기: 도형을 왼쪽과 오른쪽으로 뒤집었을 때의 모양이 서로 같고, 위쪽과 아래쪽으로 뒤집었을 때의 모양이 서로 같습니다.

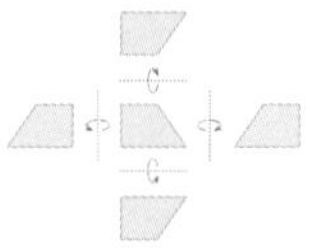

35

대표 문제

STEP 1 위쪽으로 뒤집으면 아래쪽과 위쪽의 위치가 서로 바뀝니다.

STEP 2 아래쪽으로 뒤집으면 위쪽과 아래쪽의 위치가 서로 바뀝니다.

STEP 3 도형을 오른쪽이나 왼쪽으로 뒤집으면 도형의 오른쪽과 왼쪽이 서로 바뀝니다.

STEP 4 네 방향으로 뒤집었을 때의 모양이 바뀌지 않는 글자는 ㅁ, ㅇ입니다.

01 평면도형을 어느 방향으로 밀어도 위치만 달라질 뿐 모양은 같습니다. 따라서 모양은 변하지 않고 위치만 달라진 조각을 모두 찾으면 ①, ⑦, ⑧, ⑨입니다.

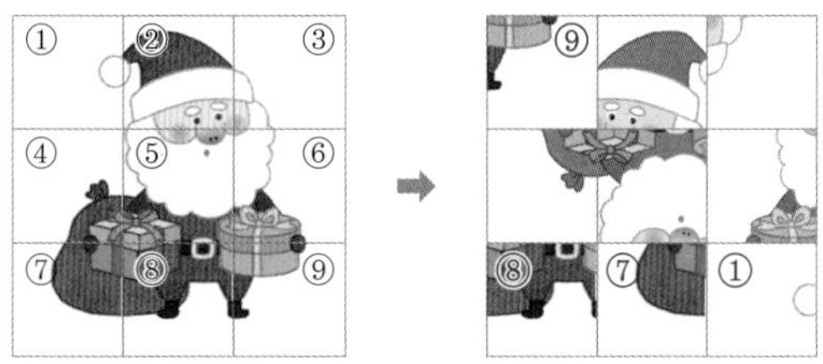

02 교실 안 유리창에 그린 그림을 운동장에서 보면 왼쪽과 오른쪽이 서로 바뀝니다. 따라서 왼쪽이나 오른쪽으로 뒤집은 모양을 그려 넣습니다.

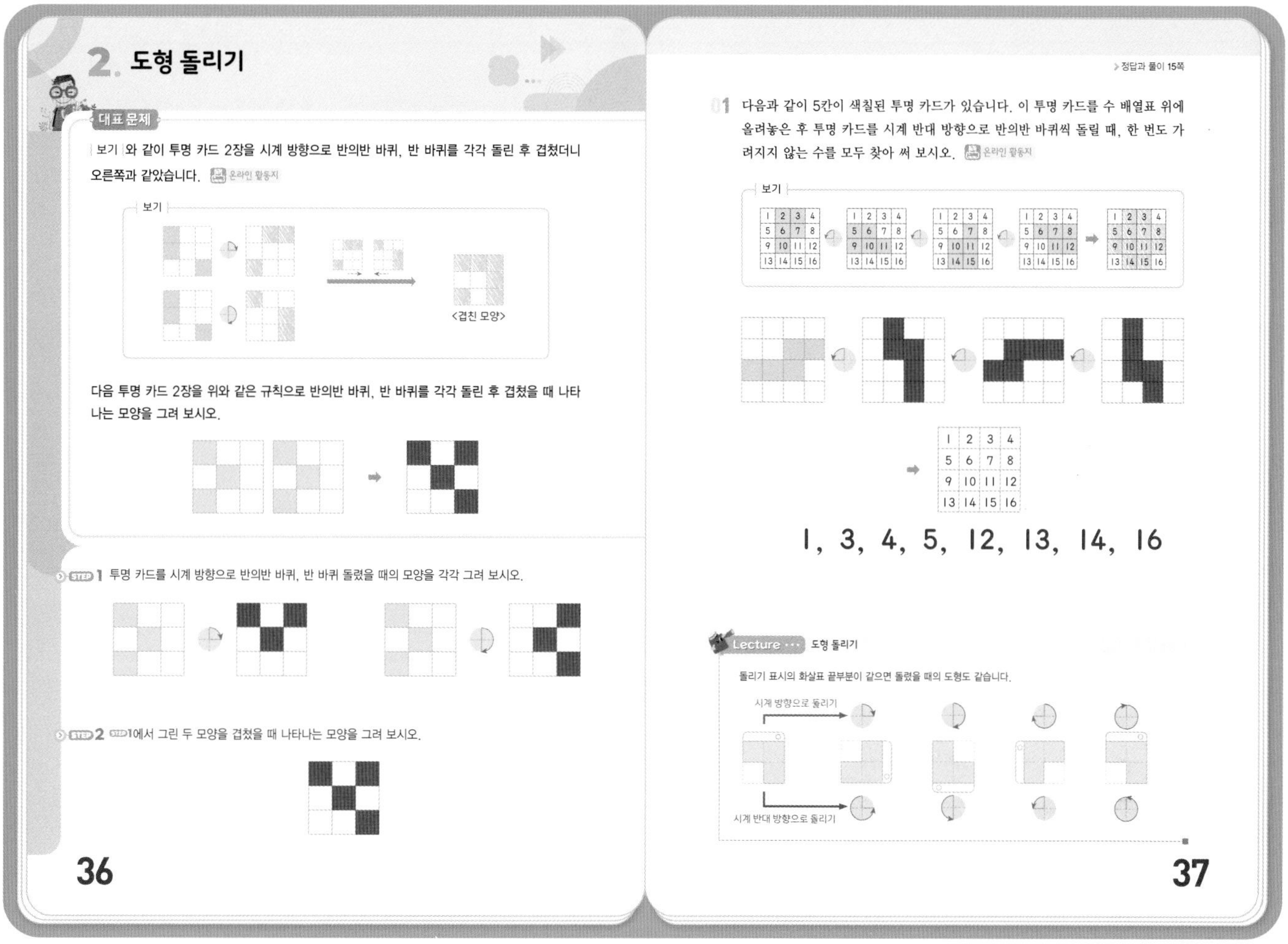

2. 도형 돌리기

대표 문제

보기 와 같이 투명 카드 2장을 시계 방향으로 반의반 바퀴, 반 바퀴를 각각 돌린 후 겹쳤더니 오른쪽과 같았습니다. 온라인 활동지

보기

<겹친 모양>

다음 투명 카드 2장을 위와 같은 규칙으로 반의반 바퀴, 반 바퀴를 각각 돌린 후 겹쳤을 때 나타나는 모양을 그려 보시오.

STEP 1 투명 카드를 시계 방향으로 반의반 바퀴, 반 바퀴 돌렸을 때의 모양을 각각 그려 보시오.

STEP 2 STEP1에서 그린 두 모양을 겹쳤을 때 나타나는 모양을 그려 보시오.

36

정답과 풀이 15쪽

01 다음과 같이 5칸이 색칠된 투명 카드가 있습니다. 이 투명 카드를 수 배열표 위에 올려놓은 후 투명 카드를 시계 반대 방향으로 반의반 바퀴씩 돌릴 때, 한 번도 가려지지 않는 수를 모두 찾아 써 보시오. 온라인 활동지

보기

1	2	3	4
5	6	7	8
9	10	11	12
13	14	15	16

1, 3, 4, 5, 12, 13, 14, 16

Lecture ··· 도형 돌리기

돌리기 표시의 화살표 끝부분이 같으면 돌렸을 때의 도형도 같습니다.

시계 방향으로 돌리기

시계 반대 방향으로 돌리기

37

대표 문제

STEP 1 • 시계 방향으로 반의반 바퀴 돌리면 위쪽 부분이 오른쪽으로 바뀝니다.

• 시계 방향으로 반 바퀴 돌리면 위쪽 부분이 아래쪽으로 바뀝니다.

TIP 평면도형의 돌리기를 어려워하는 경우에는 종이를 이용하여 직접 시계 방향으로 반의반 바퀴, 반 바퀴씩 돌려 가며 어떤 모양이 나오는지 확인해 보는 활동을 먼저 해 주는 것이 좋습니다.

01 시계 반대 방향으로 반의반 바퀴 돌리면 위쪽 부분이 왼쪽으로 바뀝니다. 시계 반대 방향으로 반의반 바퀴씩 돌리면 다음과 같습니다.

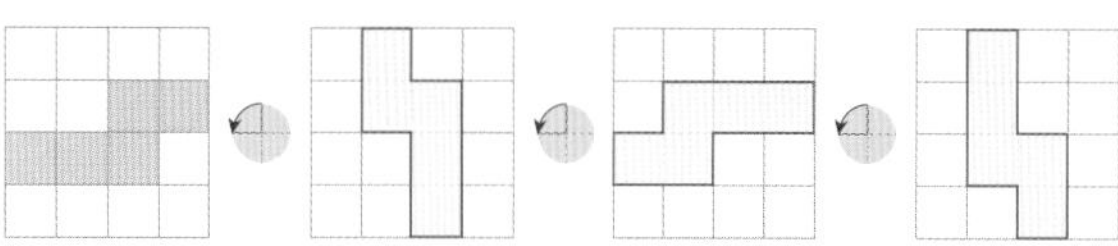

위의 모양을 수 배열표 위에 올려놓으면 다음과 같습니다.

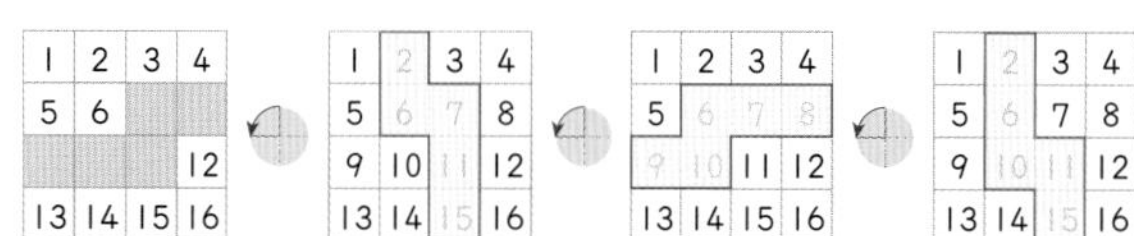

따라서 한 번도 가려지지 않는 수는 1, 3, 4, 5, 12, 13, 14, 16입니다.

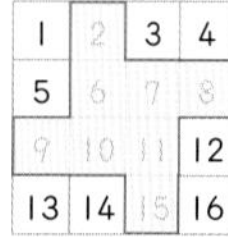

3. 거울에 비친 모양

대표 문제

다음은 보기와 같이 디지털 숫자로 만든 덧셈식과 뺄셈식 카드를 거울에 비친 모양입니다. ㉮와 ㉯에 알맞은 수를 각각 구하시오. ㉮: 54, ㉯: 40

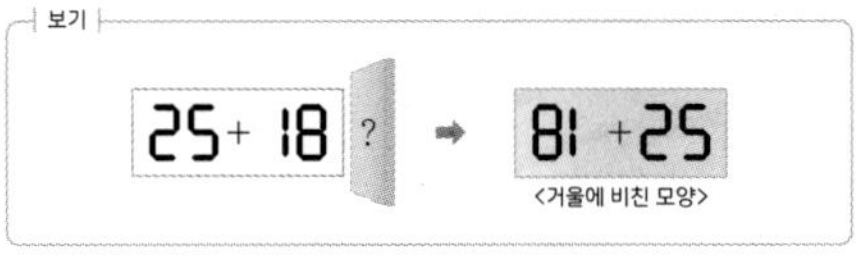

보기

25+18 ? → 81+25 (거울에 비친 모양)

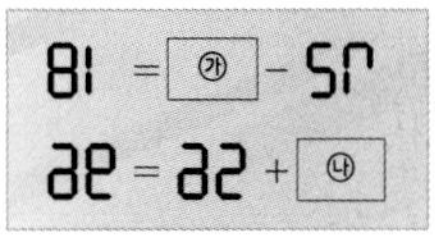

81 = ㉮ - 2ᒧ (거울에 비친 모양)

36 = 22 + ㉯ (거울에 비친 모양)

STEP 1 거울에 비친 수 (거울에 비친 4개의 수)는 원래 어떤 수입니까?

→ 72, 81 → 18, (거울에 비친 수) → 56, (거울에 비친 수) → 96

STEP 2 81 = ㉮ - (거울에 비친 수) 를 거울에 비추기 전 원래의 계산식으로 나타내어 보시오.

72 − ㉮ = 18

STEP 3 (거울에 비친 수) = (거울에 비친 수) + ㉯ 를 거울에 비추기 전 원래의 계산식으로 나타내어 보시오.

㉯ + 56 = 96

STEP 4 ㉮와 ㉯는 각각 어떤 수를 나타냅니까?

㉮: 54, ㉯: 40

38

> 정답과 풀이 16쪽

01 다음은 디지털 숫자로 만든 덧셈식을 거울에 비춘 모양입니다. ㉮와 ㉯에 알맞은 수의 합을 구하시오. 85

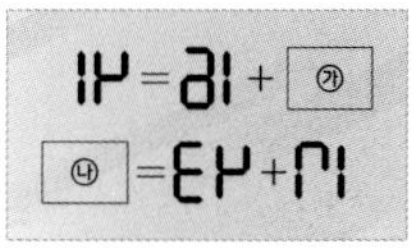

(거울에 비친 모양) = (거울에 비친 모양) + ㉮

㉯ = (거울에 비친 모양) + (거울에 비친 모양)

02 거울에 비친 시계의 모습입니다. 지금 시각은 몇 시 몇 분인지 구하시오.

10시 20분

Lecture ··· 거울에 비친 숫자의 모양

디지털 숫자를 거울에 비추었을 때 모양이 변하지 않는 것은 0, 1, 8이고, 2와 5는 숫자가 서로 바뀝니다.

39

대표 문제

STEP 1 거울에 비친 모양은 원래 모양의 왼쪽과 오른쪽이 서로 바뀝니다.

STEP 2 거울에 비친 뺄셈식은 왼쪽과 오른쪽이 바뀐 모습과 같지만 계산 과정은 변하지 않습니다.

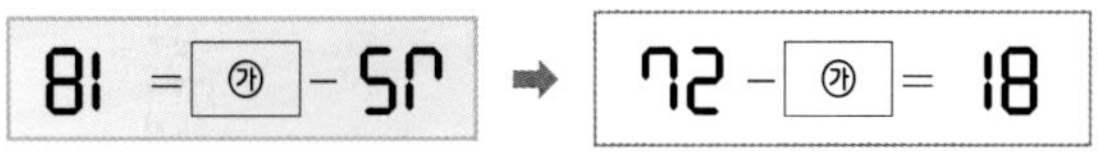

81 = ㉮ - (거울에 비친 72) → 72 - ㉮ = 18

STEP 3 거울에 비친 덧셈식은 왼쪽과 오른쪽이 바뀐 모습과 같지만 계산 과정은 변하지 않습니다.

(거울에 비친 96) = (거울에 비친 56) + ㉯ → ㉯ + 56 = 96

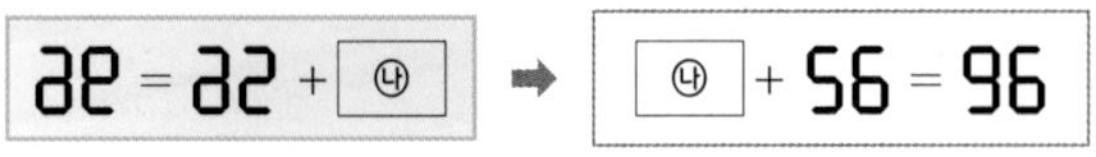

STEP 4 72 − □ = 18이므로 ㉮는 54입니다.
□ + 56 = 96이므로 ㉯는 40입니다.

01 거울에 비추기 전의 식은 다음과 같습니다.

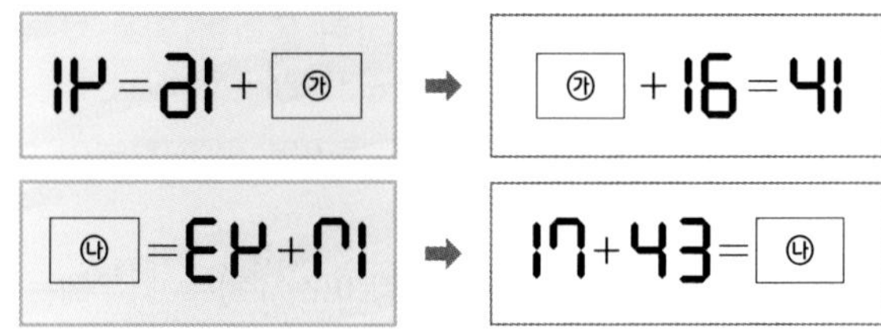

□ + 16 = 41이므로 ㉮는 25이고, 17 + 43 = □이므로 ㉯는 60입니다. 따라서 ㉮와 ㉯의 합은 25 + 60 = 85입니다.

02

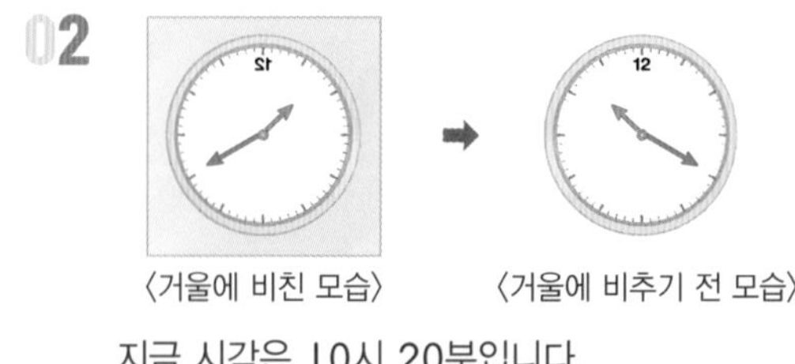

〈거울에 비친 모습〉 〈거울에 비추기 전 모습〉

지금 시각은 10시 20분입니다.

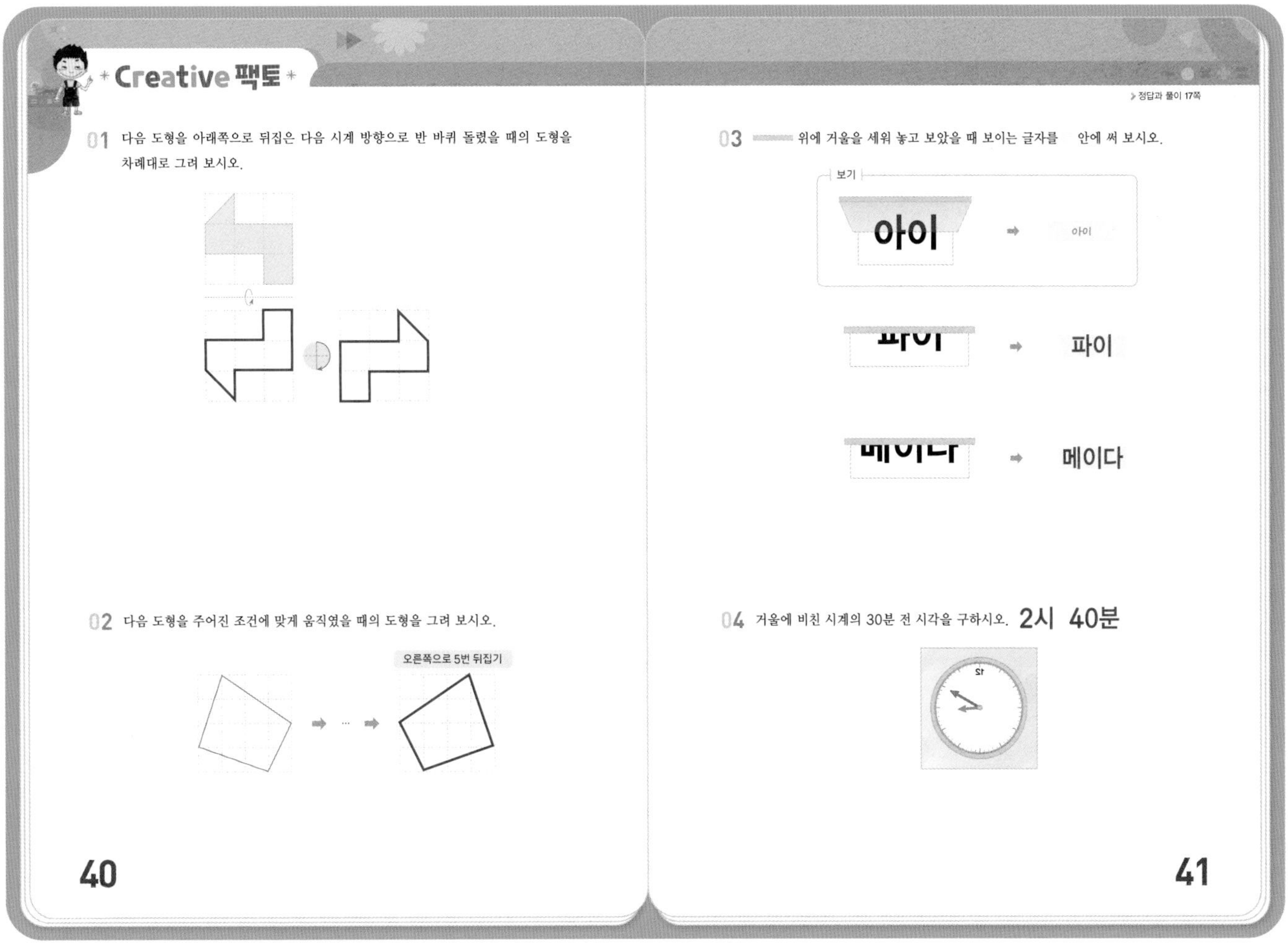

Creative 팩토

> 정답과 풀이 17쪽

01 다음 도형을 아래쪽으로 뒤집은 다음 시계 방향으로 반 바퀴 돌렸을 때의 도형을 차례대로 그려 보시오.

02 다음 도형을 주어진 조건에 맞게 움직였을 때의 도형을 그려 보시오.

오른쪽으로 5번 뒤집기

03 위에 거울을 세워 놓고 보았을 때 보이는 글자를 안에 써 보시오.

보기

아이 → 아이

파이 → 파이

메이다 → 메이다

04 거울에 비친 시계의 30분 전 시각을 구하시오. 2시 40분

40

41

01 • 아래쪽으로 뒤집으면 위쪽과 아래쪽이 서로 바뀝니다.
• 시계 방향으로 반 바퀴 돌리면 위쪽 부분이 아래쪽으로 바뀝니다.

02 오른쪽으로 2번 뒤집으면 원래의 모양이 나옵니다. 따라서 오른쪽으로 5번 뒤집은 도형은 오른쪽으로 1번 뒤집은 도형과 같습니다.

03 거울에 비친 모양은 원래 모양의 위쪽과 아래쪽이 서로 바뀝니다.

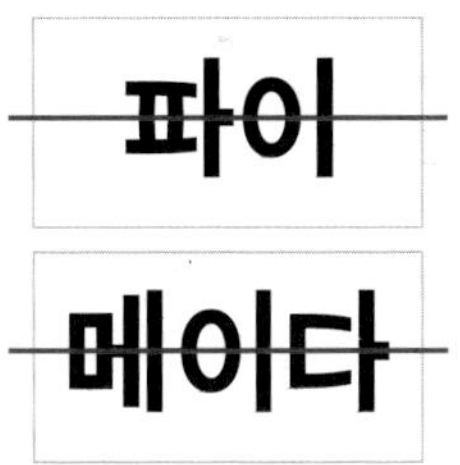

04

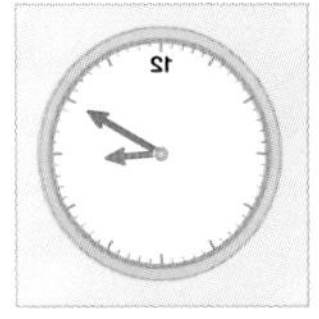

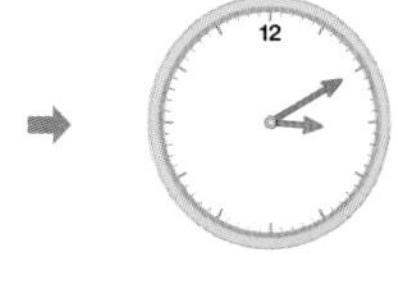

〈거울에 비친 모습〉 〈거울에 비추기 전 모습〉

거울에 비친 시계는 3시 10분이므로, 30분 전의 시각은 2시 40분입니다.

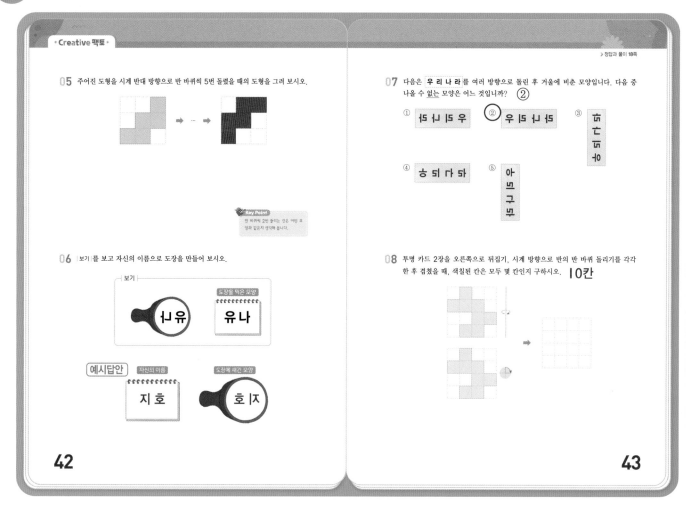

Creative 팩토

정답과 풀이 18쪽

05 주어진 도형을 시계 반대 방향으로 반 바퀴씩 5번 돌렸을 때의 도형을 그려 보시오.

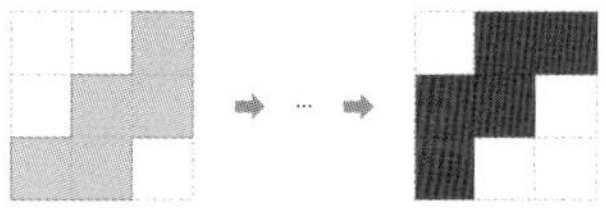

Key Point
반 바퀴씩 2번 돌리는 것은 어떤 모양과 같은지 생각해 봅니다.

06 보기 를 보고 자신의 이름으로 도장을 만들어 보시오.

보기
도장을 찍은 모양
유나

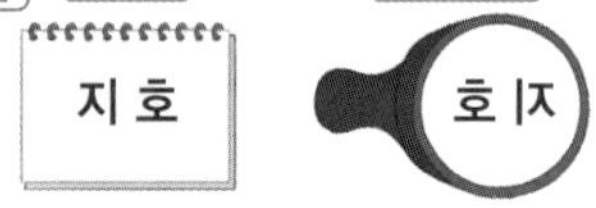

예시답안
자신의 이름
지 호
도장에 새긴 모양

42

07 다음은 우 리 나 라 를 여러 방향으로 돌린 후 거울에 비춘 모양입니다. 다음 중 나올 수 없는 모양은 어느 것입니까? ②

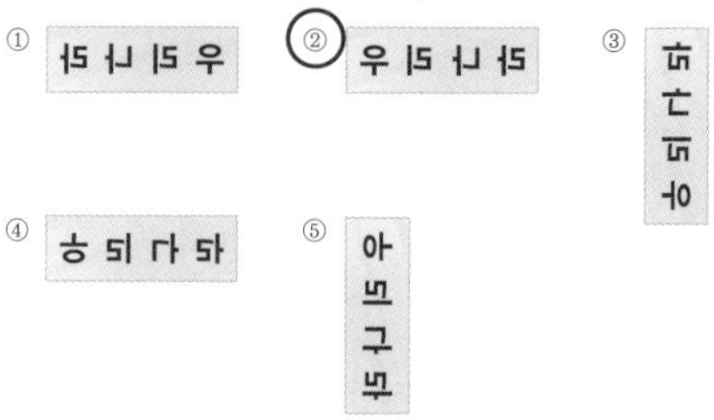

08 투명 카드 2장을 오른쪽으로 뒤집기, 시계 방향으로 반의 반 바퀴 돌리기를 각각 한 후 겹쳤을 때, 색칠된 칸은 모두 몇 칸인지 구하시오. 10칸

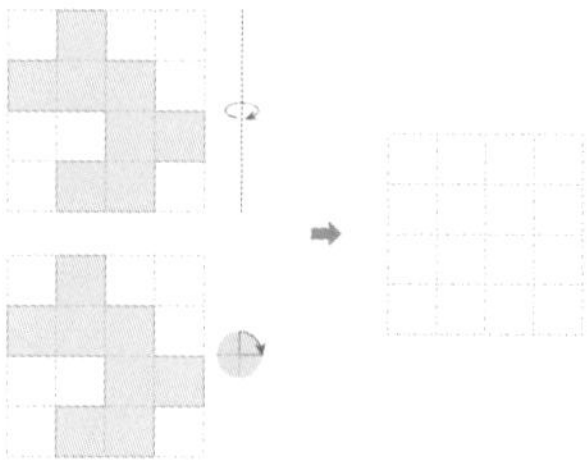

43

05 시계 반대 방향으로 반 바퀴씩 2번 돌리면 원래의 모양이 나옵니다. 따라서 시계 반대 방향으로 반 바퀴씩 5번 돌렸을 때의 도형은 시계 반대 방향으로 반 바퀴 돌렸을 때의 도형과 같습니다.

06 먼저 자신의 이름을 적은 다음 왼쪽과 오른쪽을 서로 바꾸어서 도장에 새긴 모양을 그려 보도록 합니다.

07

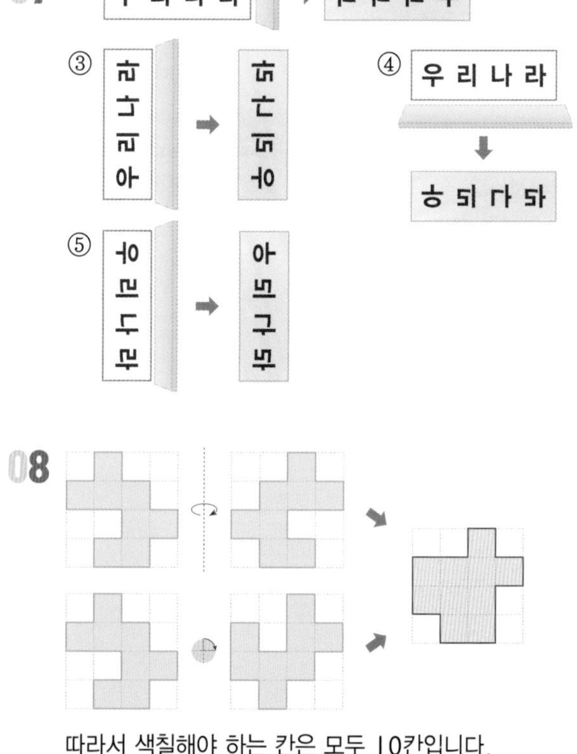

따라서 색칠해야 하는 칸은 모두 10칸입니다.

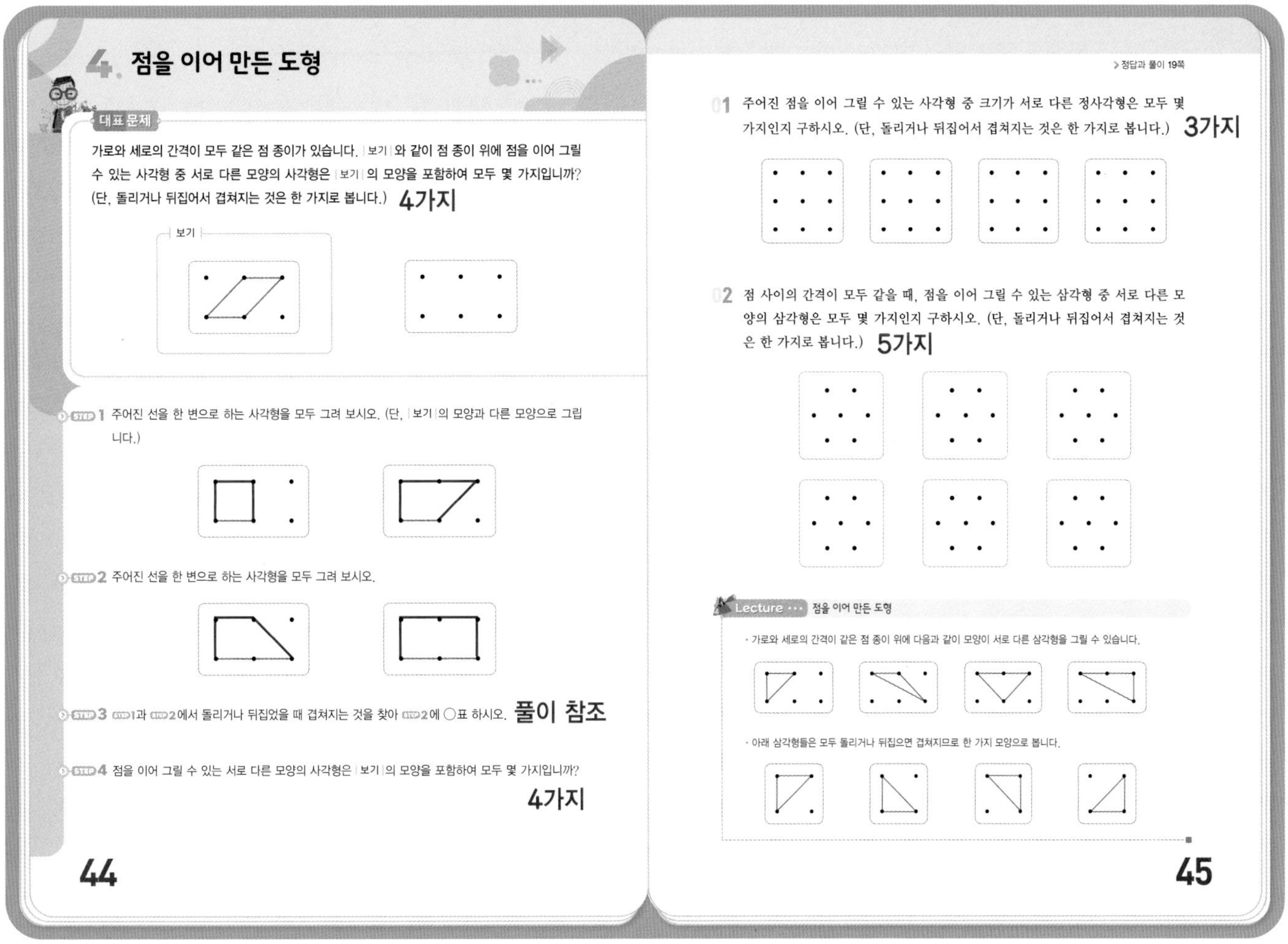

4. 점을 이어 만든 도형

> 정답과 풀이 19쪽

대표 문제

가로와 세로의 간격이 모두 같은 점 종이가 있습니다. 보기 와 같이 점 종이 위에 점을 이어 그릴 수 있는 사각형 중 서로 다른 모양의 사각형은 보기 의 모양을 포함하여 모두 몇 가지입니까? (단, 돌리거나 뒤집어서 겹쳐지는 것은 한 가지로 봅니다.) **4가지**

보기

STEP 1 주어진 선을 한 변으로 하는 사각형을 모두 그려 보시오. (단, 보기 의 모양과 다른 모양으로 그립니다.)

STEP 2 주어진 선을 한 변으로 하는 사각형을 모두 그려 보시오.

STEP 3 STEP 1과 STEP 2에서 돌리거나 뒤집었을 때 겹쳐지는 것을 찾아 STEP 2에 ○표 하시오. **풀이 참조**

STEP 4 점을 이어 그릴 수 있는 서로 다른 모양의 사각형은 보기 의 모양을 포함하여 모두 몇 가지입니까? **4가지**

01 주어진 점을 이어 그릴 수 있는 사각형 중 크기가 서로 다른 정사각형은 모두 몇 가지인지 구하시오. (단, 돌리거나 뒤집어서 겹쳐지는 것은 한 가지로 봅니다.) **3가지**

02 점 사이의 간격이 모두 같을 때, 점을 이어 그릴 수 있는 삼각형 중 서로 다른 모양의 삼각형은 모두 몇 가지인지 구하시오. (단, 돌리거나 뒤집어서 겹쳐지는 것은 한 가지로 봅니다.) **5가지**

Lecture ··· 점을 이어 만든 도형

- 가로와 세로의 간격이 같은 점 종이 위에 다음과 같이 모양이 서로 다른 삼각형을 그릴 수 있습니다.
- 아래 삼각형들은 모두 돌리거나 뒤집으면 겹쳐지므로 한 가지 모양으로 봅니다.

44 45

대표 문제

STEP 1 STEP 2 주어진 선을 한 변으로 하는 서로 다른 사각형을 그려 봅니다.

STEP 3 다음 두 도형은 위쪽으로 뒤집으면 겹쳐지므로 한 가지로 봅니다.

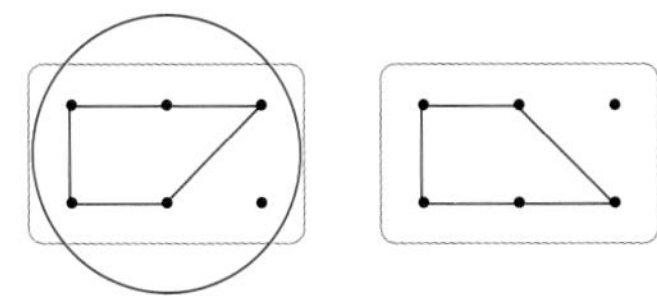

STEP 4 점을 이어 그릴 수 있는 서로 다른 모양의 사각형은 보기 의 모양을 포함하여 모두 4가지입니다.

01 만들 수 있는 서로 다른 모양의 정사각형은 모두 3가지입니다.

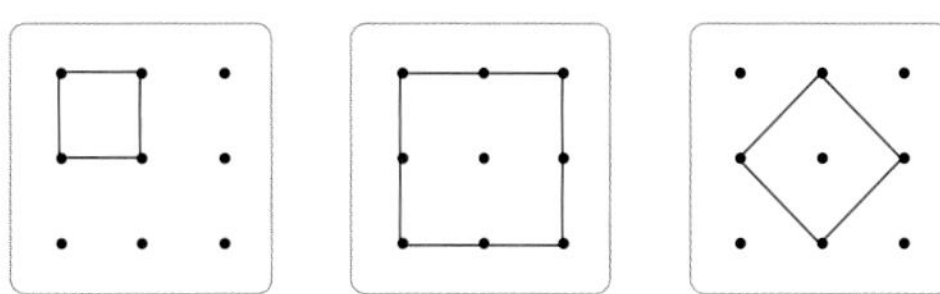

02 만들 수 있는 서로 다른 모양의 삼각형은 모두 5가지입니다.

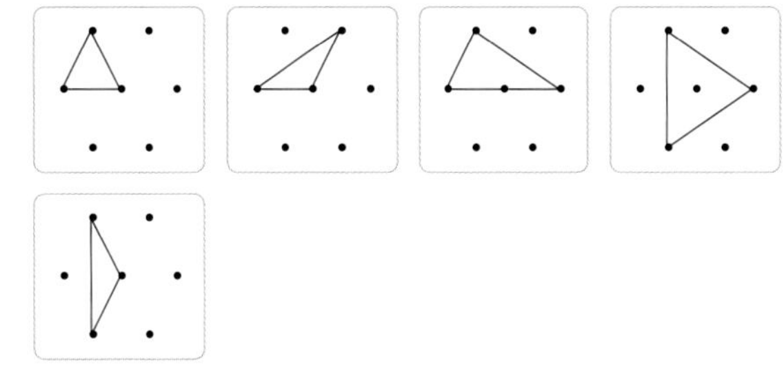

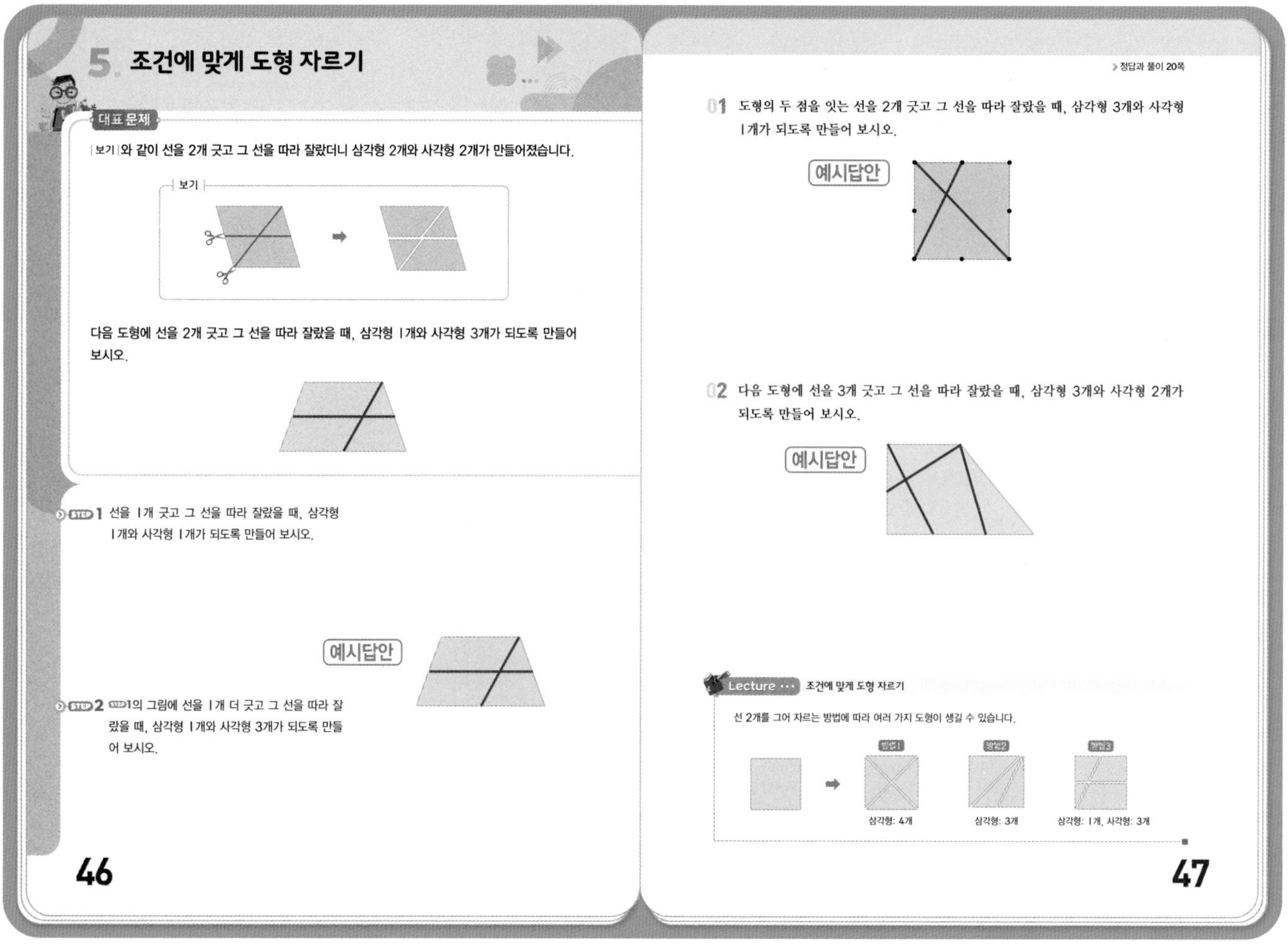

5. 조건에 맞게 도형 자르기

대표 문제

보기 와 같이 선을 2개 긋고 그 선을 따라 잘랐더니 삼각형 2개와 사각형 2개가 만들어졌습니다.

보기

다음 도형에 선을 2개 긋고 그 선을 따라 잘랐을 때, 삼각형 1개와 사각형 3개가 되도록 만들어 보시오.

STEP 1 선을 1개 긋고 그 선을 따라 잘랐을 때, 삼각형 1개와 사각형 1개가 되도록 만들어 보시오.

예시답안

STEP 2 STEP 1의 그림에 선을 1개 더 긋고 그 선을 따라 잘랐을 때, 삼각형 1개와 사각형 3개가 되도록 만들어 보시오.

46

정답과 풀이 20쪽

01 도형의 두 점을 잇는 선을 2개 긋고 그 선을 따라 잘랐을 때, 삼각형 3개와 사각형 1개가 되도록 만들어 보시오.

예시답안

02 다음 도형에 선을 3개 긋고 그 선을 따라 잘랐을 때, 삼각형 3개와 사각형 2개가 되도록 만들어 보시오.

예시답안

Lecture ••• 조건에 맞게 도형 자르기

선 2개를 그어 자르는 방법에 따라 여러 가지 도형이 생길 수 있습니다.

방법1 삼각형: 4개

방법2 삼각형: 3개

방법3 삼각형: 1개, 사각형: 3개

47

대표 문제

STEP 1 삼각형 1개와 사각형 1개가 만들어지도록 여러 가지 방법으로 선을 그어 봅니다.

예시답안

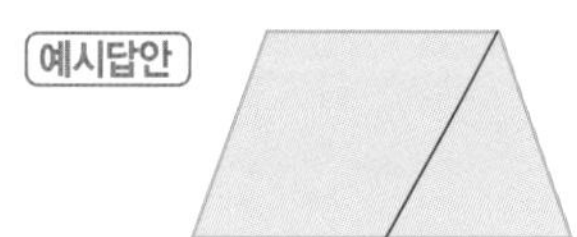

STEP 2 삼각형 1개와 사각형 3개가 만들어지도록 여러 가지 방법으로 선을 그어 봅니다.

예시답안

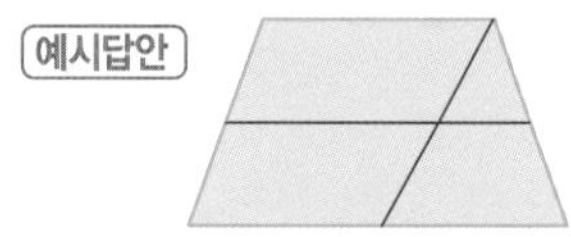

TIP 선 2개를 그은 다음 도형의 개수를 세어 답을 확인해 보도록 합니다.

01 다음과 같이 선을 그을 수도 있습니다.

예시답안

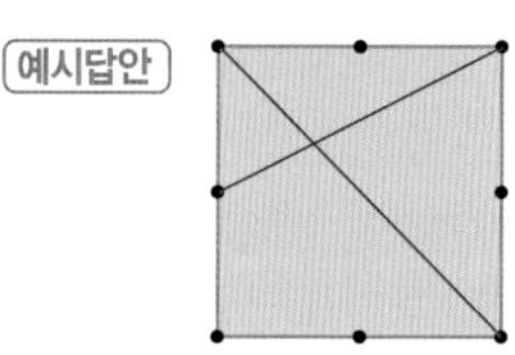

02 선을 긋고 선을 따라 잘랐을 때 삼각형 3개, 사각형 2개가 만들어지도록 선을 긋는 방법은 여러 가지가 있습니다.

예시답안

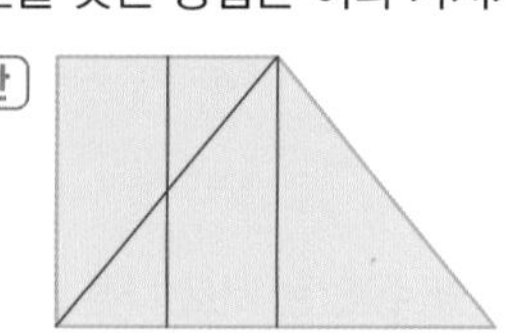

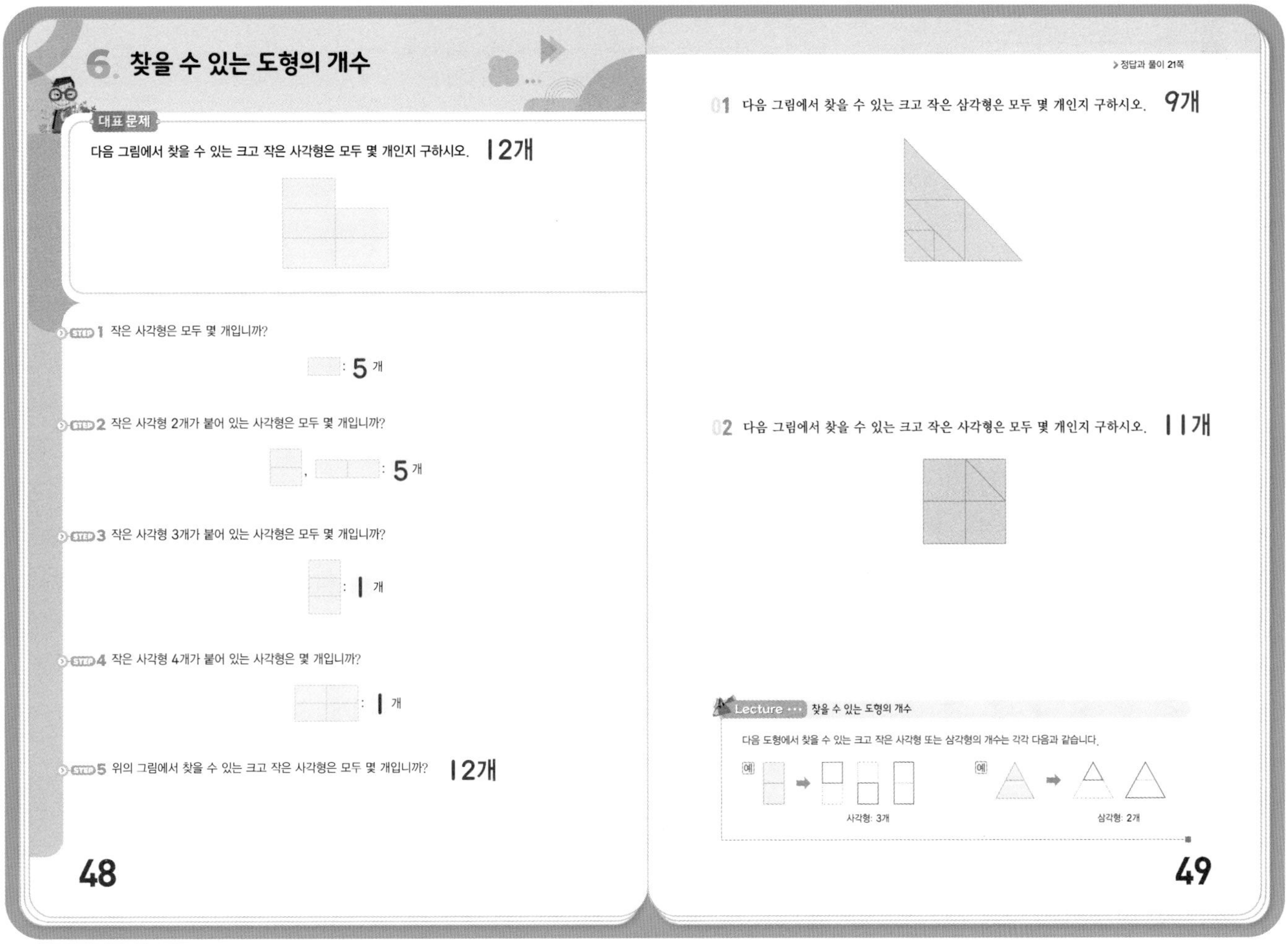

6. 찾을 수 있는 도형의 개수

대표 문제

다음 그림에서 찾을 수 있는 크고 작은 사각형은 모두 몇 개인지 구하시오. 12개

STEP 1 작은 사각형은 모두 몇 개입니까?

: 5 개

STEP 2 작은 사각형 2개가 붙어 있는 사각형은 모두 몇 개입니까?

, : 5 개

STEP 3 작은 사각형 3개가 붙어 있는 사각형은 모두 몇 개입니까?

: 1 개

STEP 4 작은 사각형 4개가 붙어 있는 사각형은 몇 개입니까?

: 1 개

STEP 5 위의 그림에서 찾을 수 있는 크고 작은 사각형은 모두 몇 개입니까? 12개

48

▶ 정답과 풀이 21쪽

01 다음 그림에서 찾을 수 있는 크고 작은 삼각형은 모두 몇 개인지 구하시오. 9개

02 다음 그림에서 찾을 수 있는 크고 작은 사각형은 모두 몇 개인지 구하시오. 11개

Lecture ··· 찾을 수 있는 도형의 개수

다음 도형에서 찾을 수 있는 크고 작은 사각형 또는 삼각형의 개수는 각각 다음과 같습니다.

예 → 사각형: 3개

예 → 삼각형: 2개

49

대표 문제

STEP 1 → 5개

STEP 2 → 5개

STEP 3 → 1개

STEP 4 → 1개

STEP 5 그림에서 찾을 수 있는 크고 작은 사각형은 모두 $5+5+1+1=12$(개)입니다.

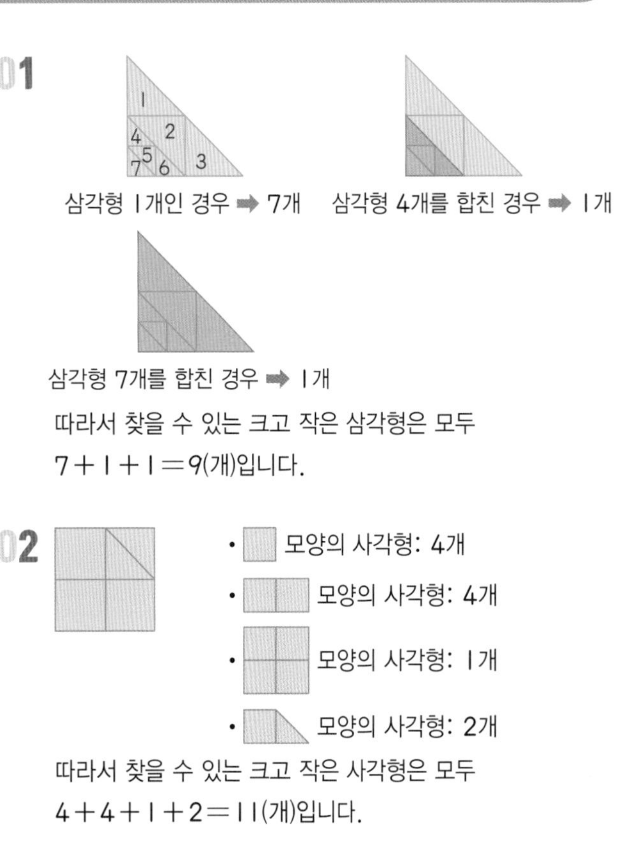

01

삼각형 1개인 경우 ➡ 7개 삼각형 4개를 합친 경우 ➡ 1개

삼각형 7개를 합친 경우 ➡ 1개

따라서 찾을 수 있는 크고 작은 삼각형은 모두 $7+1+1=9$(개)입니다.

02

- 모양의 사각형: 4개
- 모양의 사각형: 4개
- 모양의 사각형: 1개
- 모양의 사각형: 2개

따라서 찾을 수 있는 크고 작은 사각형은 모두 $4+4+1+2=11$(개)입니다.

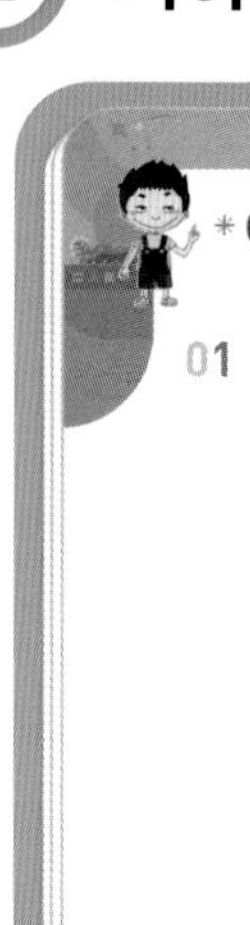
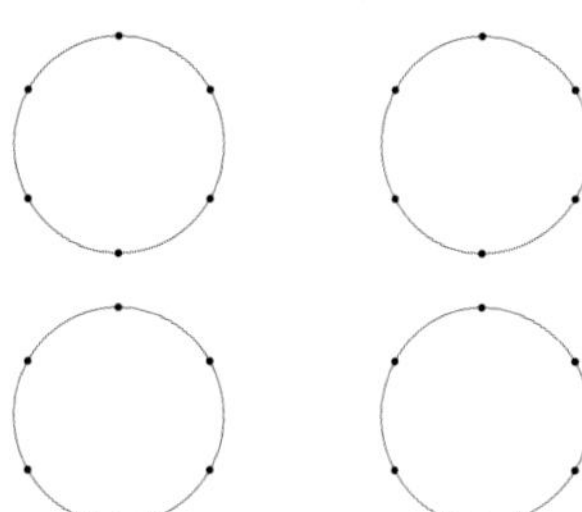

Creative 팩토

정답과 풀이 22쪽

01 다음과 같이 원 위에 같은 간격으로 6개의 점이 찍혀 있습니다. 점을 이어 만들 수 있는 서로 다른 모양의 사각형은 모두 몇 가지인지 구하시오. (단, 돌리거나 뒤집어서 겹쳐지는 것은 한 가지로 봅니다.) **3가지**

02 다음과 같이 울타리 안에 5마리의 동물들이 있습니다. 동물들이 모두 나누어지도록 사각형 모양의 울타리 하나를 더 그려 넣으시오.

50

03 다음 그림에서 찾을 수 있는 크고 작은 삼각형은 모두 몇 개인지 구하시오. **8개**

04 왼쪽과 같은 모양의 지우개에서 찾을 수 있는 사각형은 6개입니다. 이 지우개를 오른쪽 그림과 같이 위에서 아래로 반듯하게 잘라 ㉮와 ㉯ 2조각을 만들었습니다. 새로 생긴 지우개 조각에서 찾을 수 있는 삼각형과 사각형은 각각 몇 개인지 구하시오.

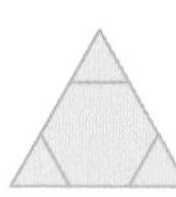

삼각형: 2개, 사각형: 9개

51

01 만들 수 있는 서로 다른 모양의 사각형은 모두 3가지입니다.

예시답안

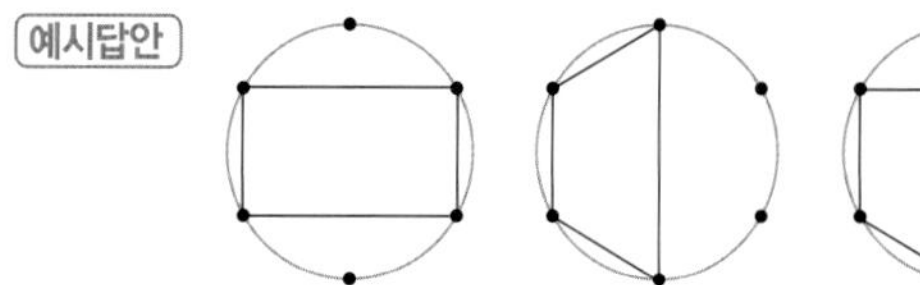

03  모양: 6개  모양: 2개

따라서 찾을 수 있는 크고 작은 삼각형은 모두 6+2=8(개)입니다.

04 지우개를 잘랐을 때 잘라지는 부분에는 사각형이 1개 더 생깁니다.

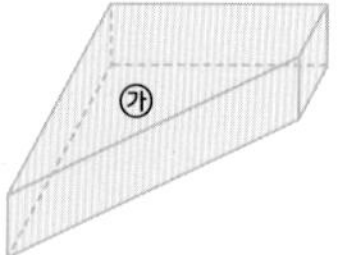
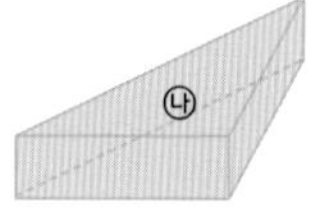

㉮에서 찾을 수 있는 삼각형은 0개, 사각형은 6개입니다.
㉯에서 찾을 수 있는 삼각형은 2개, 사각형은 3개입니다.
따라서 새로 생긴 지우개 조각에서 찾을 수 있는 삼각형은 0+2=2(개)이고, 사각형은 6+3=9(개)입니다.

Creative 팩토

정답과 풀이 23쪽

05 다음과 같이 점 8개가 일정한 간격으로 놓여 있습니다. 이 점들을 이어 만들 수 있는 크고 작은 삼각형은 모두 몇 가지인지 구하시오. (단, 돌리거나 뒤집어서 겹쳐지는 것은 한 가지로 봅니다.) 8가지

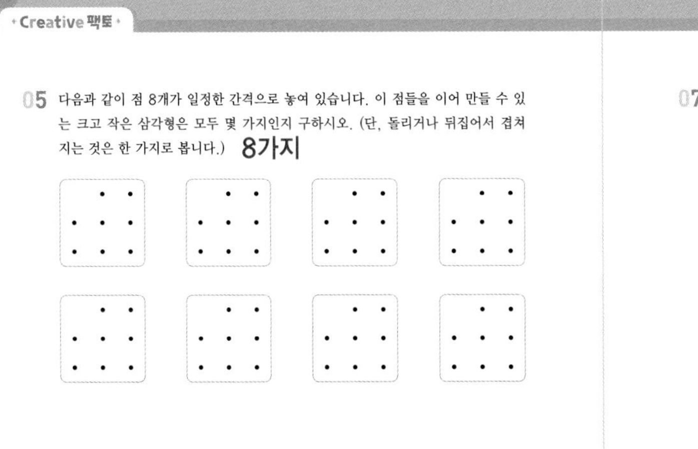

06 ☆ 모양을 포함하는 크고 작은 사각형의 개수를 구하시오.

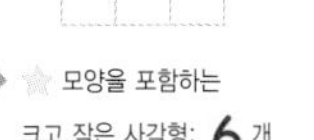

➡ ☆ 모양을 포함하는 크고 작은 사각형: 6 개

➡ ☆ 모양을 포함하는 크고 작은 사각형: 16 개

07 가로와 세로의 간격이 모두 같은 점 종이가 있습니다. 이 점 종이 위에 보기 와 같은 모양의 삼각형은 보기 의 모양을 포함하여 모두 몇 개 그릴 수 있는지 구하시오. 8개

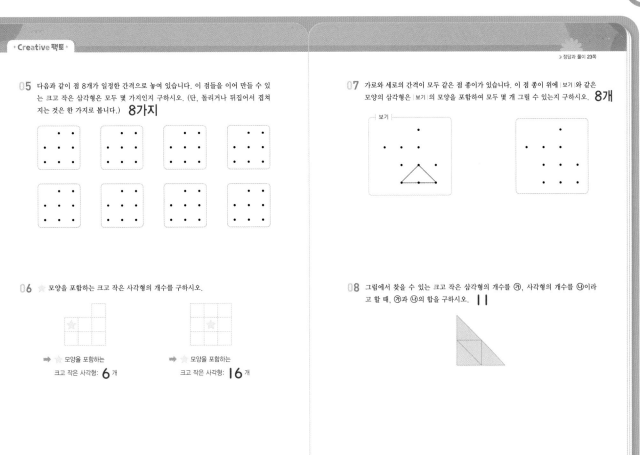

보기

08 그림에서 찾을 수 있는 크고 작은 삼각형의 개수를 ㉮, 사각형의 개수를 ㉯이라고 할 때, ㉮과 ㉯의 합을 구하시오. 11

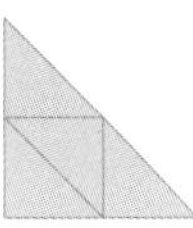

52

53

05 만들 수 있는 크고 작은 삼각형은 모두 8가지입니다.

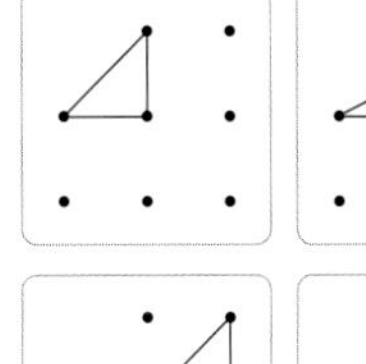
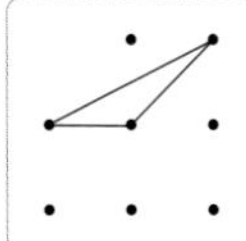
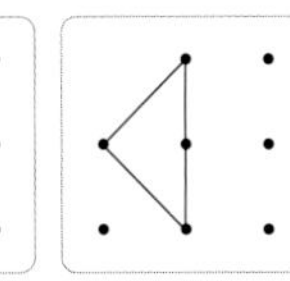
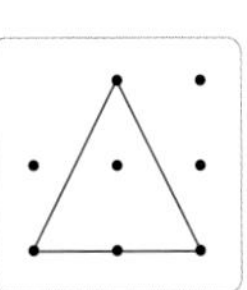
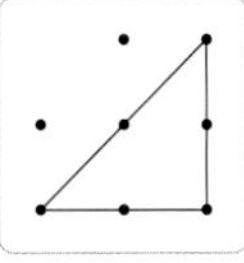
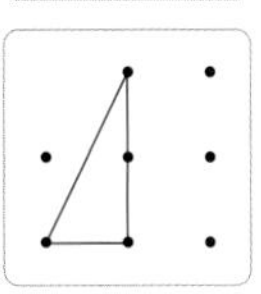
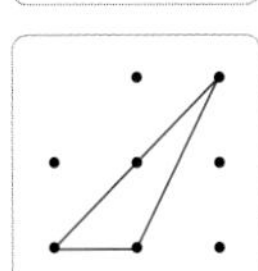
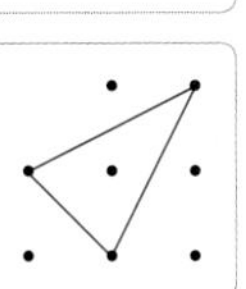

06 ☆ 모양을 포함하도록 여러 가지 방법으로 사각형을 그려 봅니다.

1칸짜리: 1개, 2칸짜리: 2개,
3칸짜리: 1개, 4칸짜리: 1개,
6칸짜리: 1개이므로 모두 6개입니다.

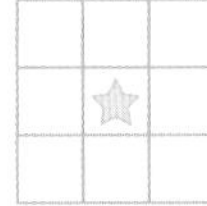

1칸짜리: 1개, 2칸짜리: 4개,
3칸짜리: 2개, 4칸짜리: 4개,
6칸짜리: 4개, 9칸짜리: 1개이므로
모두 16개입니다.

07 만들 수 있는 삼각형은 보기 의 모양을 포함하여 모두 8개입니다.

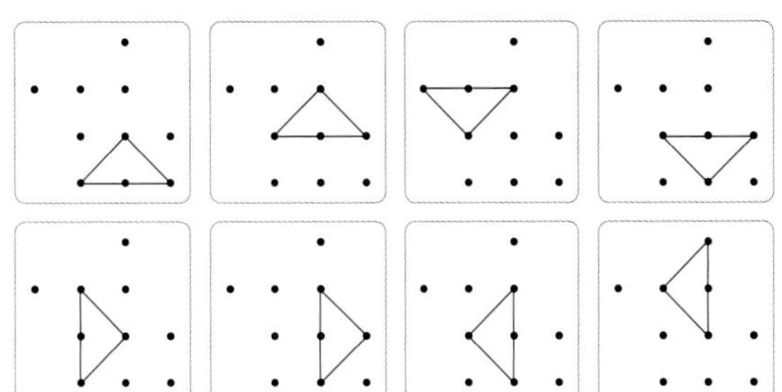

08 (1) 크고 작은 삼각형의 개수

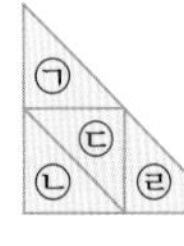

- 1개짜리: ㉠, ㉡, ㉢, ㉣ ➡ 4개
- 4개짜리: ㉠+㉡+㉢+㉣ ➡ 1개

(2) 크고 작은 사각형의 개수

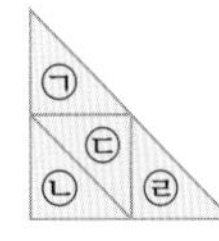

- 2개짜리: ㉠+㉢, ㉡+㉢, ㉢+㉣ ➡ 3개
- 3개짜리: ㉠+㉡+㉢, ㉠+㉢+㉣, ㉡+㉢+㉣ ➡ 3개

따라서 삼각형의 개수는 5개, 사각형의 개수는 6개이므로 ㉮, ㉯의 합은 11입니다.

Perfect 경시대회

> 정답과 풀이 24쪽

01 30부터 50까지 디지털 숫자로 적힌 수 카드와 거울을 이용하여 놀이를 하고 있습니다. 보기 와 같이 수 카드의 한가운데에 거울을 놓고 원래 모양과 거울에 비친 모양을 합하여 볼 때, 만들어지는 수가 처음 수와 같은 것은 모두 몇 개인지 구하시오. 4개

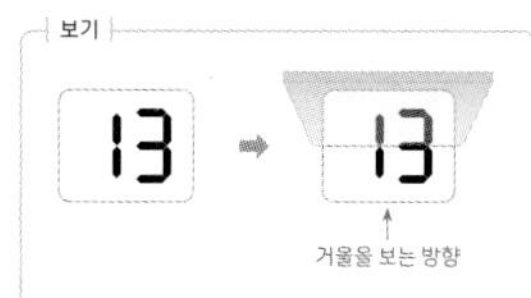

02 주하는 2시 10분에 공부를 시작하였습니다. 40분 동안 국어 공부를 하고 난 후 수학 공부를 마치고 거울에 비친 시계를 보았더니 다음과 같았습니다. 주하가 수학 공부를 한 시간은 몇 분입니까? 50분

03 다음 그림의 오른쪽에 거울을 세워 놓았을 때, 거울 속에 나타나는 그림의 일부가 될 수 있는 것을 모두 찾아 기호를 써 보시오. ㉯, ㉰

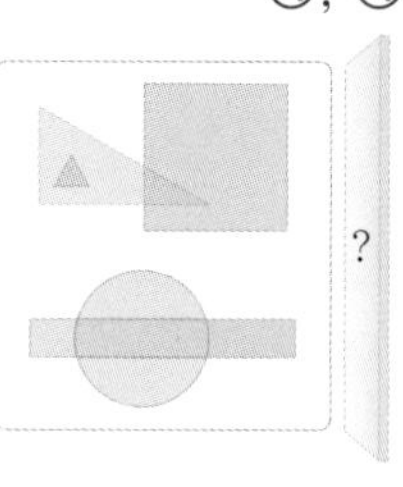

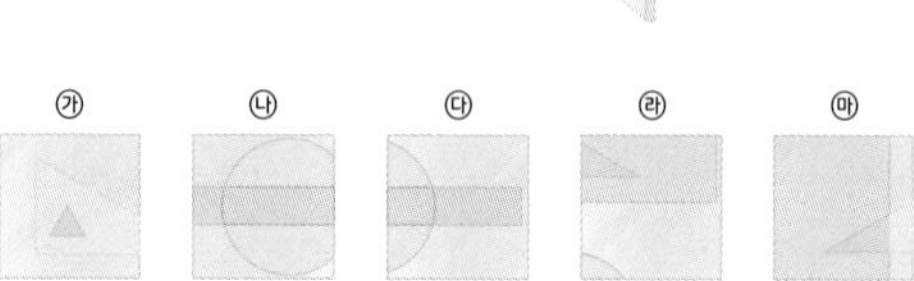

04 그림에서 찾을 수 있는 크고 작은 사각형의 개수를 구하시오. 25개

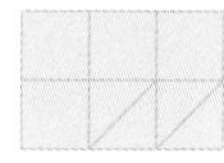

54 55

---

01 한 자리 수 카드의 한가운데에 거울을 놓고 원래 모양과 거울에 비친 모양을 합하여 볼 때, 처음 수와 같은 경우를 찾아보면 0, 1, 3, 8입니다.
30부터 50까지 수 중 0, 1, 3, 8로 만들 수 있는 수를 찾아보면 30, 31, 33, 38이므로 모두 4개입니다.

02 주하가 2시 10분에 공부를 시작하여 40분 동안 국어 공부를 하였으므로 국어 공부를 마친 시각은 2시 50분입니다.

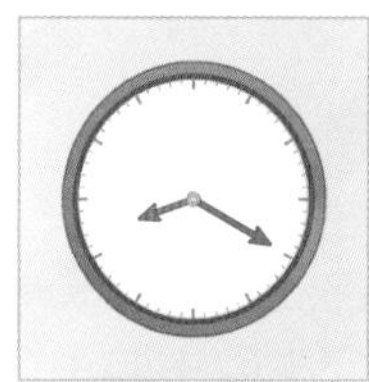
〈거울에 비친 모습〉 〈거울에 비추기 전 모습〉

주하가 공부를 마친 시각은 3시 40분이므로 수학 공부를 한 시간은 50분입니다.

03 거울에 비친 모양은 다음과 같습니다.

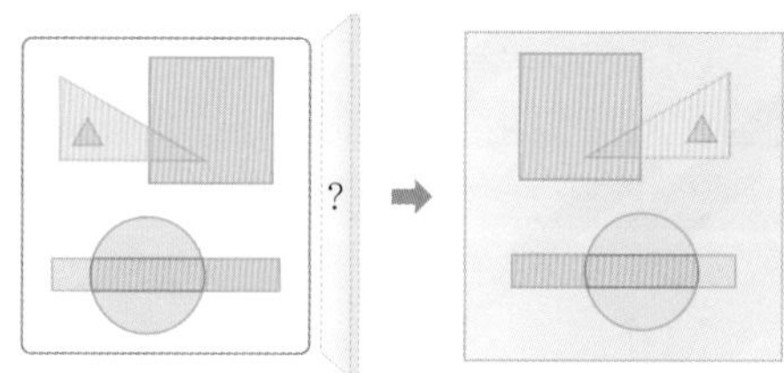

따라서 그림의 일부가 될 수 있는 것은 ㉯, ㉲입니다.

04

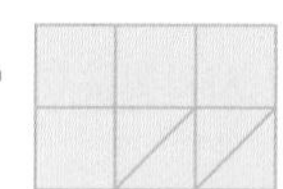

- 작은 정사각형 1개짜리: 6개
- 작은 정사각형 2개짜리: 7개
- 작은 정사각형 3개짜리: 2개
- 작은 정사각형 4개짜리: 2개
- 작은 정사각형 6개짜리: 1개
- 대각선이 포함된 사각형: 7개

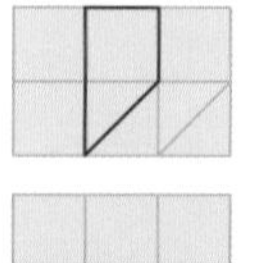
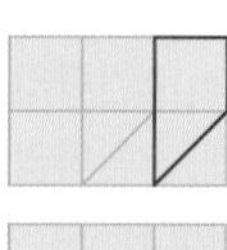
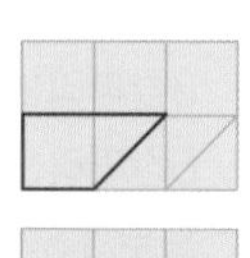
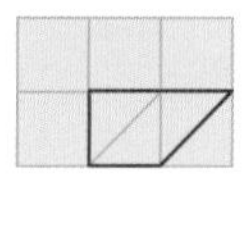
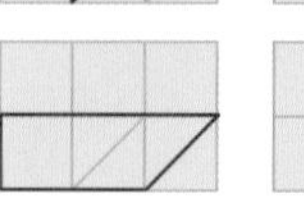
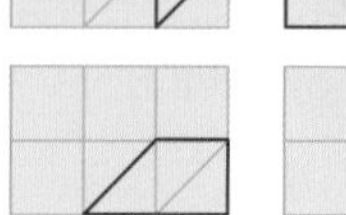

따라서 찾을 수 있는 크고 작은 사각형은 모두 25개입니다.

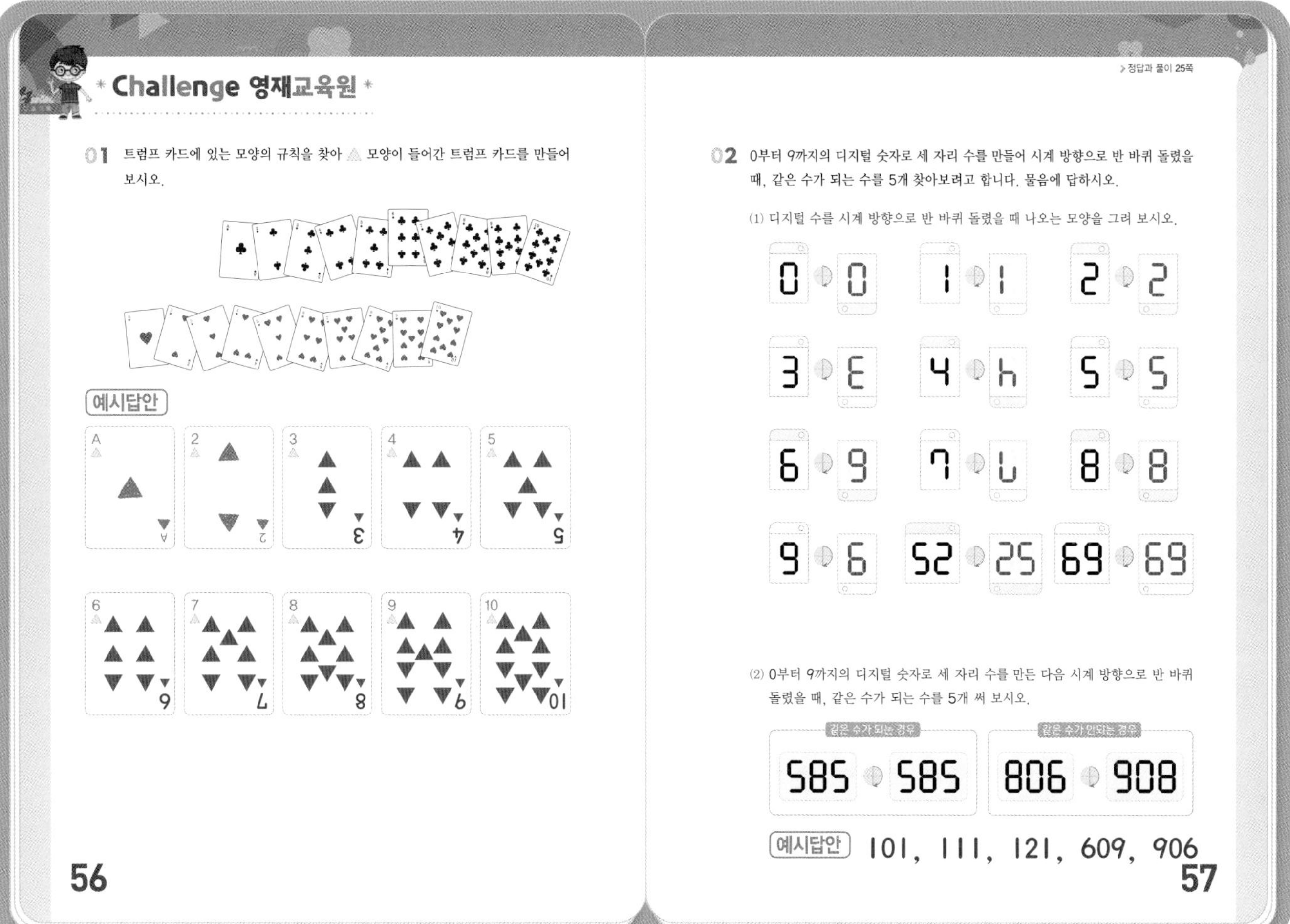

01 트럼프 카드에 있는 모양의 규칙을 찾아 △ 모양으로 트럼프 카드를 만들어 봅니다.

TIP 1, 3, 5, 7, 9 카드의 경우 시계 방향으로 반 바퀴 돌린 모양으로 그려도 됩니다.

02 디지털 숫자를 시계 방향으로 반 바퀴 돌렸을 때 모양이 변하지 않는 것은 0, 1, 2, 5, 8이고, 6과 9는 숫자가 서로 바뀝니다. 0, 1, 2, 5, 6, 8, 9를 이용하여 시계 방향으로 반 바퀴 돌렸을 때 같은 수가 되는 세 자리 수를 만들어 봅니다.

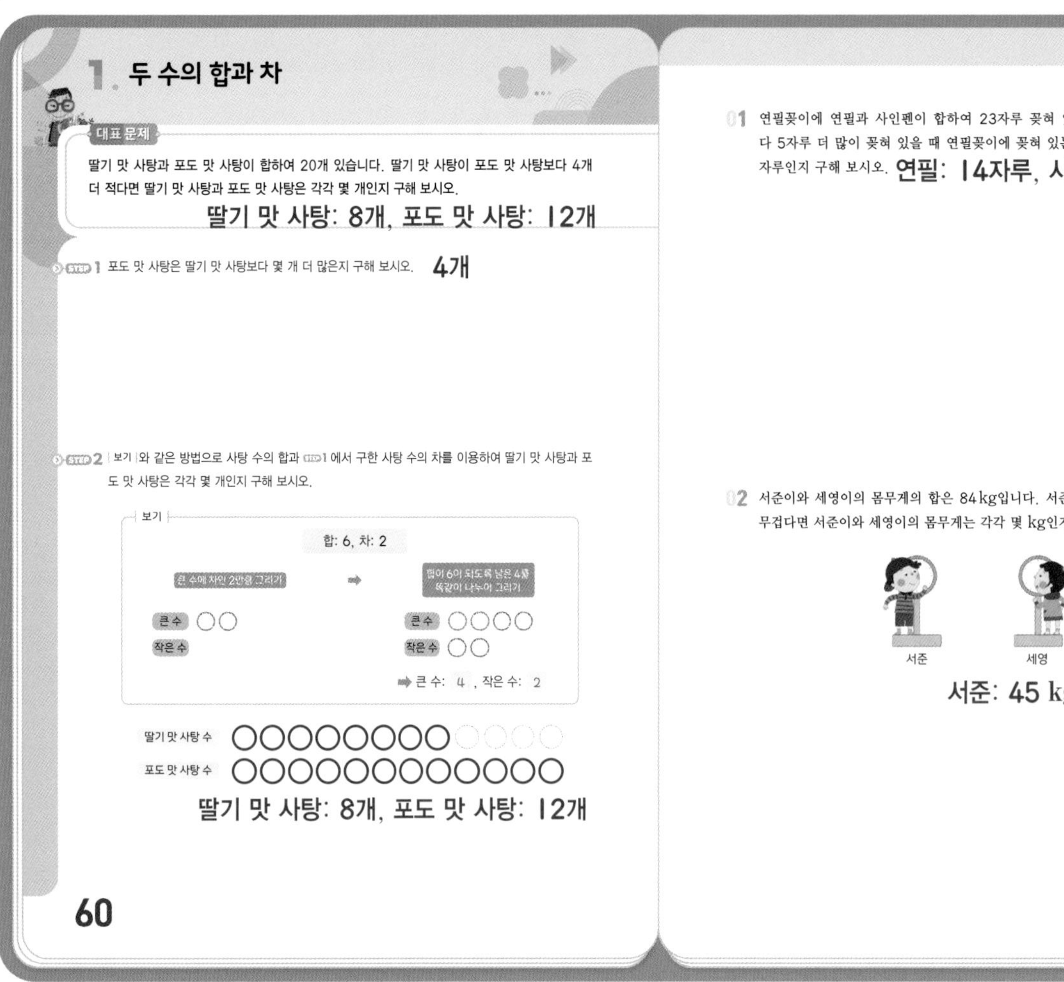

1. 두 수의 합과 차
대표 문제
딸기 맛 사탕과 포도 맛 사탕이 합하여 20개 있습니다. 딸기 맛 사탕이 포도 맛 사탕보다 4개 더 적다면 딸기 맛 사탕과 포도 맛 사탕은 각각 몇 개인지 구해 보시오.
딸기 맛 사탕: 8개, 포도 맛 사탕: 12개
STEP 1 포도 맛 사탕은 딸기 맛 사탕보다 몇 개 더 많은지 구해 보시오. 4개
STEP 2 보기 와 같은 방법으로 사탕 수의 합과 STEP 1 에서 구한 사탕 수의 차를 이용하여 딸기 맛 사탕과 포도 맛 사탕은 각각 몇 개인지 구해 보시오.
보기
합: 6, 차: 2
큰 수에 차인 2만큼 그리기
합이 6이 되도록 남은 4를 똑같이 나누어 그리기
큰 수
작은 수
큰 수: 4, 작은 수: 2
딸기 맛 사탕 수
포도 맛 사탕 수
딸기 맛 사탕: 8개, 포도 맛 사탕: 12개
60
정답과 풀이 26쪽
01 연필꽂이에 연필과 사인펜이 합하여 23자루 꽂혀 있습니다. 연필이 사인펜보다 5자루 더 많이 꽂혀 있을 때 연필꽂이에 꽂혀 있는 연필과 사인펜은 각각 몇 자루인지 구해 보시오. 연필: 14자루, 사인펜: 9자루
02 서준이와 세영이의 몸무게의 합은 84 kg입니다. 서준이가 세영이보다 6 kg 더 무겁다면 서준이와 세영이의 몸무게는 각각 몇 kg인지 구해 보시오.
서준
세영
서준: 45 kg, 세영: 39 kg
61

대표 문제

STEP 1 딸기 맛 사탕이 포도 맛 사탕보다 4개 더 적으므로 포도 맛 사탕은 딸기 맛 사탕보다 4개 더 많습니다.

STEP 2 포도 맛 사탕이 4개 더 많으므로 먼저 포도 맛 사탕 수에 ◯를 4개 그립니다. 두 수의 합인 20에서 두 수의 차를 뺀 16을 둘로 똑같이 나누어 각각 ◯를 그립니다.
따라서 딸기 맛 사탕은 8개이고, 포도 맛 사탕은 12개입니다.

01 두 수의 합이 23이고, 차가 5이므로 그림으로 나타내면 다음과 같습니다.

따라서 연필은 14자루, 사인펜은 9자루입니다.

02 두 수의 합은 84, 두 수의 차는 6입니다.
그림으로 나타내면 다음과 같습니다.

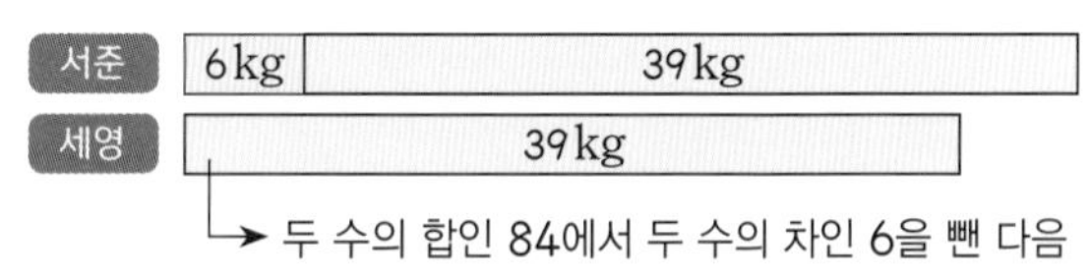

따라서 서준이는 $6+39=45$(kg)이고, 세영이는 39 kg입니다.

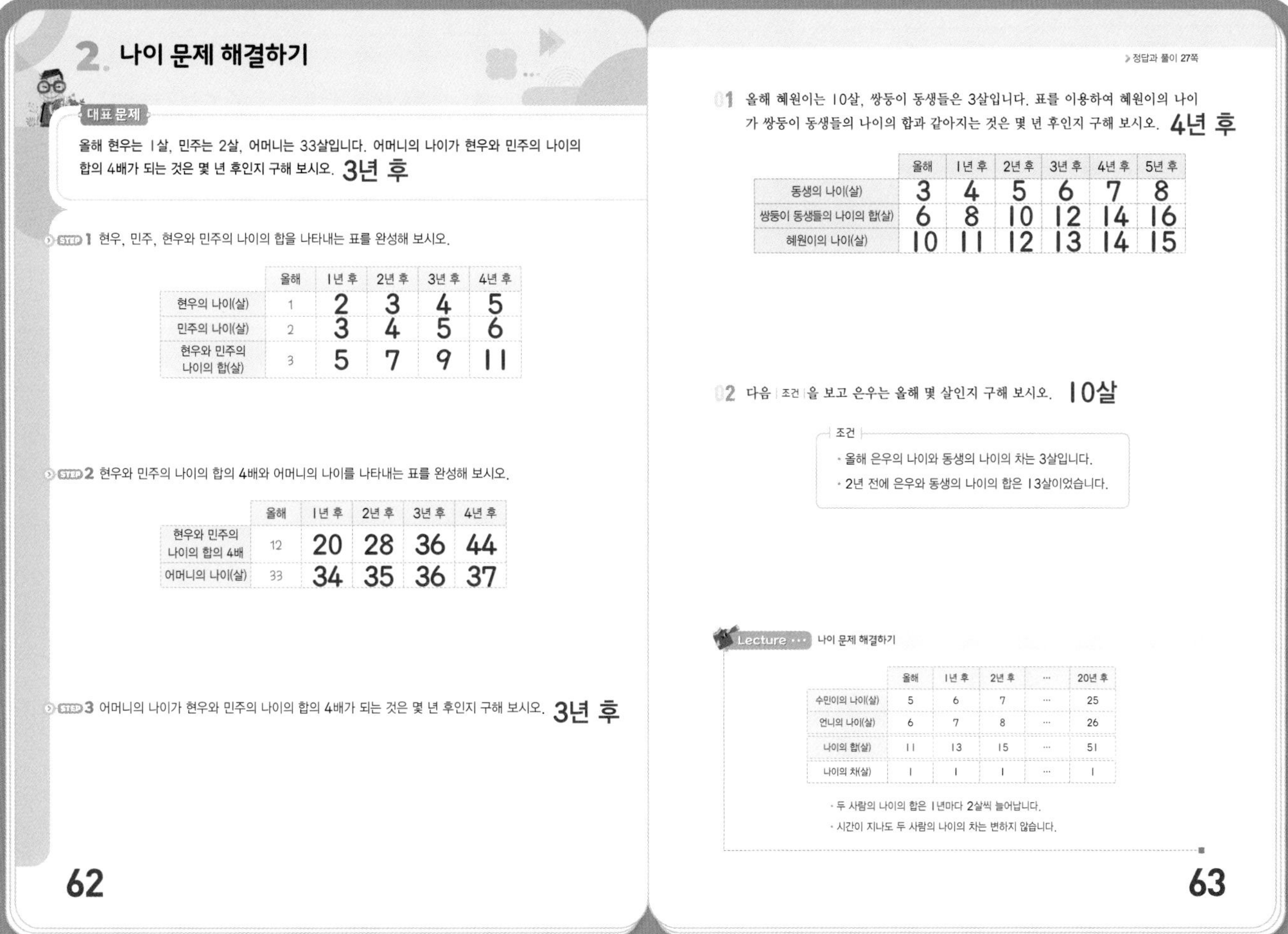

2. 나이 문제 해결하기

대표 문제

올해 현우는 1살, 민주는 2살, 어머니는 33살입니다. 어머니의 나이가 현우와 민주의 나이의 합의 4배가 되는 것은 몇 년 후인지 구해 보시오. 3년 후

STEP 1 현우, 민주, 현우와 민주의 나이의 합을 나타내는 표를 완성해 보시오.

	올해	1년 후	2년 후	3년 후	4년 후
현우의 나이(살)	1	2	3	4	5
민주의 나이(살)	2	3	4	5	6
현우와 민주의 나이의 합(살)	3	5	7	9	11

STEP 2 현우와 민주의 나이의 합의 4배와 어머니의 나이를 나타내는 표를 완성해 보시오.

	올해	1년 후	2년 후	3년 후	4년 후
현우와 민주의 나이의 합의 4배	12	20	28	36	44
어머니의 나이(살)	33	34	35	36	37

STEP 3 어머니의 나이가 현우와 민주의 나이의 합의 4배가 되는 것은 몇 년 후인지 구해 보시오. 3년 후

62

정답과 풀이 27쪽

01 올해 혜원이는 10살, 쌍둥이 동생들은 3살입니다. 표를 이용하여 혜원이의 나이가 쌍둥이 동생들의 나이의 합과 같아지는 것은 몇 년 후인지 구해 보시오. 4년 후

	올해	1년 후	2년 후	3년 후	4년 후	5년 후
동생의 나이(살)	3	4	5	6	7	8
쌍둥이 동생들의 나이의 합(살)	6	8	10	12	14	16
혜원이의 나이(살)	10	11	12	13	14	15

02 다음 조건 을 보고 은우는 올해 몇 살인지 구해 보시오. 10살

조건
- 올해 은우의 나이와 동생의 나이의 차는 3살입니다.
- 2년 전에 은우와 동생의 나이의 합은 13살이었습니다.

Lecture ··· 나이 문제 해결하기

	올해	1년 후	2년 후	…	20년 후
수민이의 나이(살)	5	6	7	…	25
언니의 나이(살)	6	7	8	…	26
나이의 합(살)	11	13	15	…	51
나이의 차(살)	1	1	1	…	1

- 두 사람의 나이의 합은 1년마다 2살씩 늘어납니다.
- 시간이 지나도 두 사람의 나이의 차는 변하지 않습니다.

63

대표 문제

STEP 1 현우의 나이, 민주의 나이, 현우와 민주의 나이의 합을 구하여 표를 완성해 봅니다.

STEP 2 현우와 민주의 나이의 합의 4배와 어머니의 나이를 구하여 표를 완성하고, 어머니의 나이가 현우와 민주의 나이의 합의 4배가 되는 것을 찾아보면 3년 후입니다.

	올해	1년 후	2년 후	3년 후	4년 후
현우와 민주의 나이의 합의 4배(살)	12	20	28	36	44
어머니의 나이(살)	33	34	35	36	37

01 표를 이용하여 구해 봅니다. 쌍둥이 동생들은 나이가 같습니다.

	올해	1년 후	2년 후	3년 후	4년 후
동생의 나이(살)	3	4	5	6	7
쌍둥이 동생들의 나이의 합(살)	6	8	10	12	14
혜원이의 나이(살)	10	11	12	13	14

따라서 혜원이의 나이가 쌍둥이 동생들의 나이의 합과 같아지는 것은 4년 후입니다.

02 2년 전에 은우와 동생의 나이의 합이 13살이었으므로 올해 은우와 동생의 나이의 합은 $13+2+2=17$(살)입니다. 두 수의 합이 17이고, 차가 3인 경우는 10과 7이므로 올해 은우의 나이는 10살입니다.

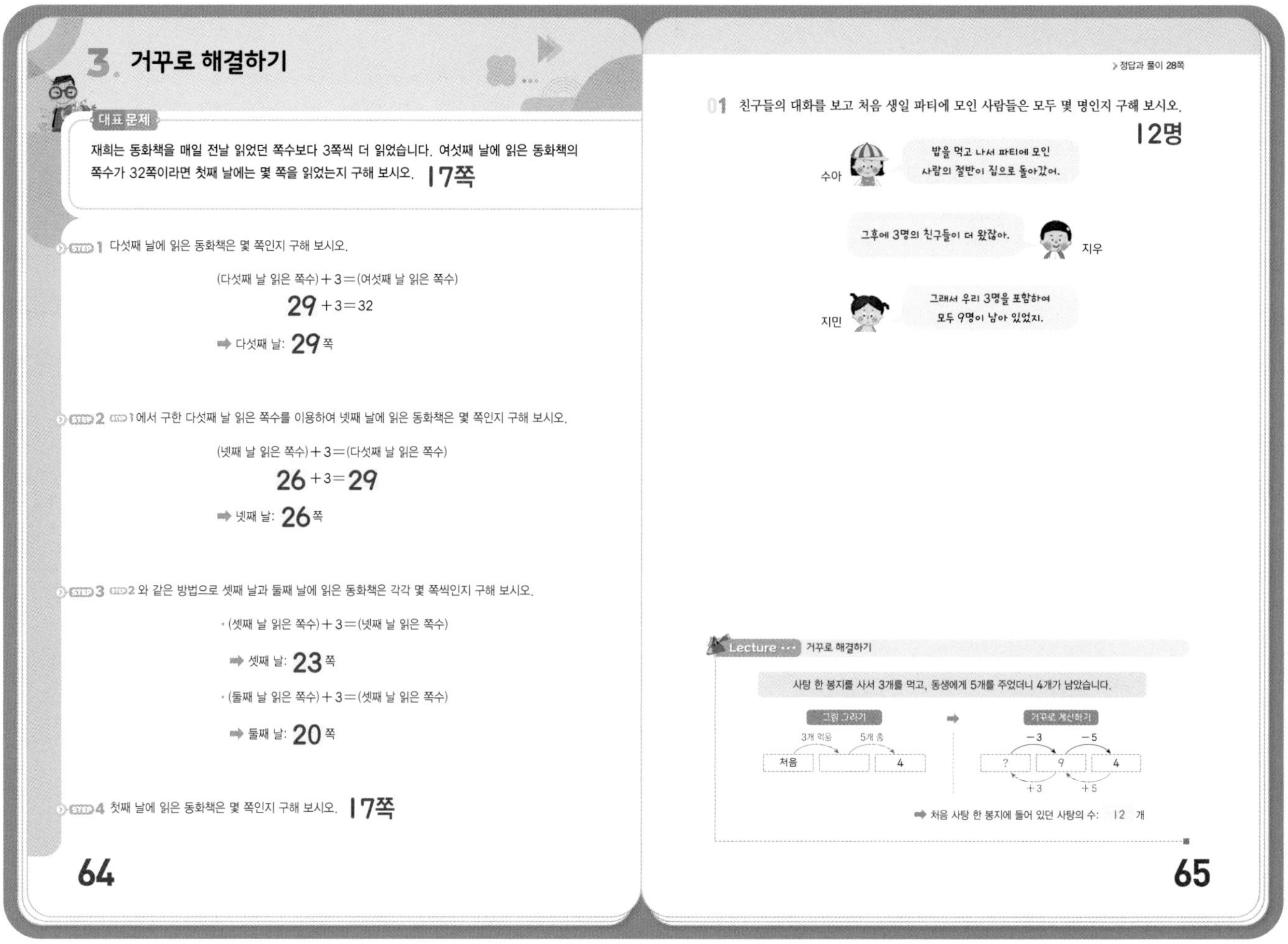

3. 거꾸로 해결하기

대표 문제

재희는 동화책을 매일 전날 읽었던 쪽수보다 3쪽씩 더 읽었습니다. 여섯째 날에 읽은 동화책의 쪽수가 32쪽이라면 첫째 날에는 몇 쪽을 읽었는지 구해 보시오. 17쪽

STEP 1 다섯째 날에 읽은 동화책은 몇 쪽인지 구해 보시오.

(다섯째 날 읽은 쪽수)＋3＝(여섯째 날 읽은 쪽수)

29＋3＝32

➡ 다섯째 날: 29쪽

STEP 2 STEP 1에서 구한 다섯째 날 읽은 쪽수를 이용하여 넷째 날에 읽은 동화책은 몇 쪽인지 구해 보시오.

(넷째 날 읽은 쪽수)＋3＝(다섯째 날 읽은 쪽수)

26＋3＝29

➡ 넷째 날: 26쪽

STEP 3 STEP 2와 같은 방법으로 셋째 날과 둘째 날에 읽은 동화책은 각각 몇 쪽씩인지 구해 보시오.

- (셋째 날 읽은 쪽수)＋3＝(넷째 날 읽은 쪽수)

➡ 셋째 날: 23쪽

- (둘째 날 읽은 쪽수)＋3＝(셋째 날 읽은 쪽수)

➡ 둘째 날: 20쪽

STEP 4 첫째 날에 읽은 동화책은 몇 쪽인지 구해 보시오. 17쪽

64

> 정답과 풀이 28쪽

01 친구들의 대화를 보고 처음 생일 파티에 모인 사람들은 모두 몇 명인지 구해 보시오. 12명

수아: 밥을 먹고 나서 파티에 모인 사람의 절반이 집으로 돌아갔어.

지우: 그후에 3명의 친구들이 더 왔잖아.

지민: 그래서 우리 3명을 포함하여 모두 9명이 남아 있었지.

Lecture ··· 거꾸로 해결하기

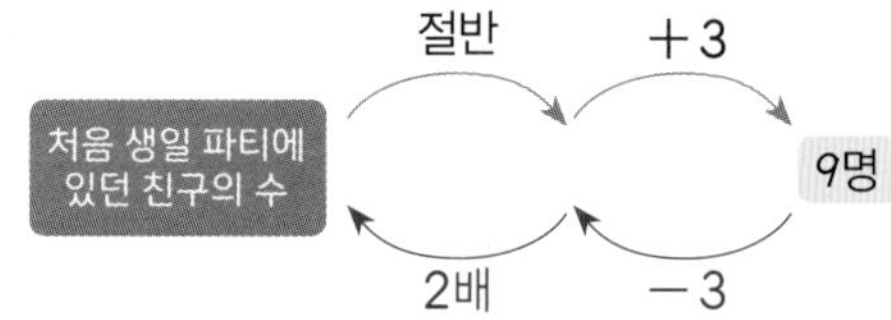

➡ 처음 사탕 한 봉지에 들어 있던 사탕의 수: 12 개

65

대표 문제

STEP 1 STEP 2 STEP 3 STEP 4

거꾸로 생각하여 문제를 해결해 봅니다.

- 다섯째 날 읽은 쪽수: 32－3＝29(쪽)
- 넷째 날 읽은 쪽수: 29－3＝26(쪽)
- 셋째 날 읽은 쪽수: 26－3＝23(쪽)
- 둘째 날 읽은 쪽수: 23－3＝20(쪽)
- 첫째 날 읽은 쪽수: 20－3＝17(쪽)

01 문제를 읽고 그림으로 나타내어 봅니다.

처음 생일 파티에 있던 친구의 수 —(절반)→ —(＋3)→ 9명

9명 —(－3)→ —(2배)→ 처음 생일 파티에 있던 친구의 수

9－3＝6이고 6의 2배는 12이므로
처음 생일 파티에 있던 친구들은 12명입니다.

01 희연이네 냉장고에는 15개의 감과 10개의 사과가 있습니다. 희연이네 가족들이 월요일부터 매일 2개의 감과 1개의 사과를 먹으려고 합니다. 표를 이용하여 먹고 남은 감과 사과의 개수가 같아지는 것은 무슨 요일인지 구해 보시오. **금요일**

	월요일	화요일	수요일	목요일	금요일	토요일
먹고 남은 감의 수(개)	13	11	9	7	5	3
먹고 남은 사과의 수(개)	9	8	7	6	5	4

02 올해 송현이는 1살, 아람이는 10살입니다. 표를 이용하여 아람이의 나이가 송현이의 나이의 2배가 되는 것은 몇 년 후인지 구해 보시오. **8년 후**

	올해	1년 후	2년 후	3년 후	4년 후	5년 후	6년 후	7년 후	8년 후	9년 후
송현이의 나이(살)	1	2	3	4	5	6	7	8	9	10
아람이의 나이(살)	10	11	12	13	14	15	16	17	18	19

Key Point
1년 후에 송현이는 2살, 아람이는 11살입니다.

정답과 풀이 29쪽

03 승객 몇 명을 태우고 버스가 출발했습니다. 첫째 번 정류장에서 2명이 내리고 6명이 탔습니다. 둘째 번 정류장에서 3명이 탔습니다. 둘째 번 정류장을 지난 후 승객의 수가 25명이었다면, 처음에 타고 있던 승객은 몇 명인지 구해 보시오. **18명**

04 다음 조건 을 보고 올해 주성이의 나이를 구해 보시오. **7살**

조건
- 올해 주성이와 동생의 나이의 합은 11이고 곱은 25보다 크고 35보다 작습니다.
- 작년에 주성이와 동생의 나이의 곱은 18이었습니다.

올해	주성이의 나이(살)	10	9	8	7	6
	동생의 나이(살)	1	2	3	4	5
	주성이와 동생의 나이의 곱(살)	10	18	24	28	30

Key Point
1년 전 주성이의 나이와 동생의 나이는 올해보다 1살씩 작어집니다.

01 표를 이용하여 구해 봅니다.

	월요일	화요일	수요일	목요일	금요일
먹고 남은 감의 수(개)	13	11	9	7	5
먹고 남은 사과의 수(개)	9	8	7	6	5

따라서 먹고 남은 감과 사과의 개수가 같아지는 것은 금요일입니다.

02 표를 이용하여 구해 봅니다.

	올해	1년 후	2년 후	3년 후	4년 후
송현이의 나이(살)	1	2	3	4	5
아람이의 나이(살)	10	11	12	13	14

	5년 후	6년 후	7년 후	8년 후	9년 후
송현이의 나이(살)	6	7	8	9	10
아람이의 나이(살)	15	16	17	18	19

9의 2배가 18이므로 아람이의 나이가 송현이의 나이의 2배가 되는 것은 8년 후입니다.

03

첫째 번 / 둘째 번

처음 → (−2명, +6명) → (+3명) → 25명

- 둘째 번 정류장을 지나기 전의 승객의 수:
  $25-3=22$(명)
- 첫째 번 정류장을 지나기 전의 승객의 수:
  $22-6+2=18$(명)

따라서 처음에 타고 있던 승객은 18명입니다.

04 나이의 합이 11이 되는 경우를 표로 나타내어 봅니다.

올해	주성이의 나이(살)	10	9	8	7	6
	동생의 나이(살)	1	2	3	4	5
	(주성) × (동생)	10	18	24	28	30

주성이와 동생의 나이의 곱이 25보다 크고 35보다 작은 경우는 색칠한 2가지 경우입니다.
각각의 경우에 작년 나이의 곱을 구해 보면
$6\times3=18$, $5\times4=20$입니다.
따라서 올해 주성이의 나이는 7살입니다.

Creative 팩토

정답과 풀이 30쪽

05 사탕 1개와 초콜릿 1개의 값의 합은 800원입니다. 사탕 1개는 초콜릿 1개보다 200원이 쌀 때, 사탕 1개와 초콜릿 1개의 가격은 각각 얼마인지 구해 보시오.

사탕: 300원, 초콜릿: 500원

06 매년 수확하는 열매의 개수가 바로 전 해의 2배가 되는 요술 나무가 있습니다. 2023년에 이 나무에서 수확한 열매가 80개였다면 2020년에 수확한 열매는 몇 개인지 구해 보시오. 10개

68

07 어느 꽃집에 빨간색 장미는 노란색 장미보다 4송이 더 많고, 분홍색 장미는 노란색 장미보다 1송이 더 많습니다. 빨간색, 노란색, 분홍색 장미가 모두 20송이일 때, 빨간색 장미는 몇 송이인지 구해 보시오. 9송이

08 월요일에 민아네 반 학급 문고에 책이 몇 권 있었습니다. 화요일에 친구들이 책을 반납해서 책 수가 월요일의 2배가 되었습니다. 수요일에는 친구들이 책을 2권 빌려 갔고 목요일에는 남아 있는 책 수의 절반을 빌려 갔더니 학급 문고에 책이 7권 남았습니다. 월요일에 학급 문고에 있던 책은 몇 권인지 구해 보시오. 8권

69

05 사탕 1개와 초콜릿 1개의 가격의 합은 800원, 가격의 차는 200원이고 그림으로 나타내면 다음과 같습니다.

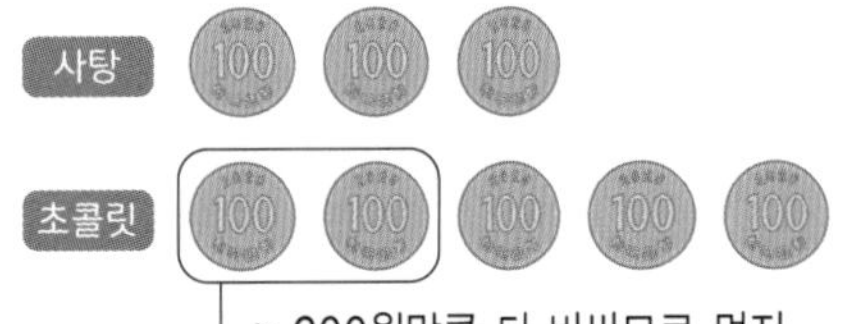

사탕
초콜릿
200원만큼 더 비싸므로 먼저 그립니다.

따라서 사탕 1개는 300원, 초콜릿 1개는 500원입니다.

06 매년 수확하는 열매의 개수가 전 해의 2배가 되므로 거꾸로 1년을 가게 되면 절반씩 줄어듭니다.

- 2023년에 80개를 수확했으므로 2022년에는 절반인 40개를 수확했습니다.
- 2022년에 40개를 수확했으므로 2021년에는 절반인 20개를 수확했습니다.
- 2021년에 20개를 수확했으므로 2020년에는 절반인 10개를 수확했습니다.

07 빨간색 장미는 노란색 장미보다 4송이 더 많고, 분홍색 장미는 노란색 장미보다 1송이 더 많습니다.
전체 장미의 수에서 더 많은 장미의 수를 빼면
$20-4-1=15$이므로 똑같이 세 묶음으로 나누면 5입니다.
따라서 빨간색 장미는 $4+5=9$(송이)입니다.

08 문제를 읽고 그림으로 나타내어 봅니다.

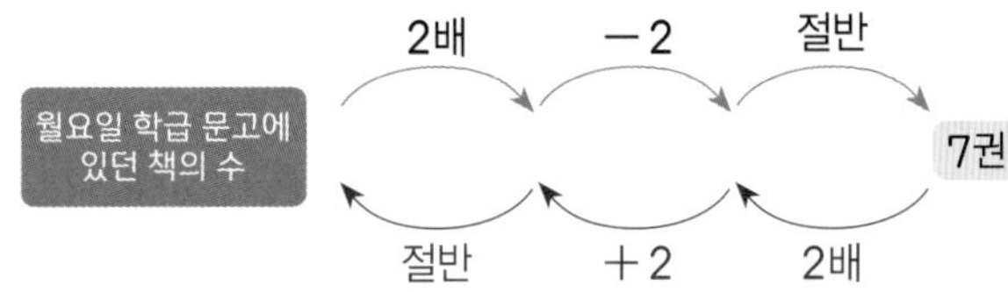

7의 2배는 14, $14+2=16$, 16의 절반은 8이므로 월요일에 학급 문고에 있던 책은 8권입니다.

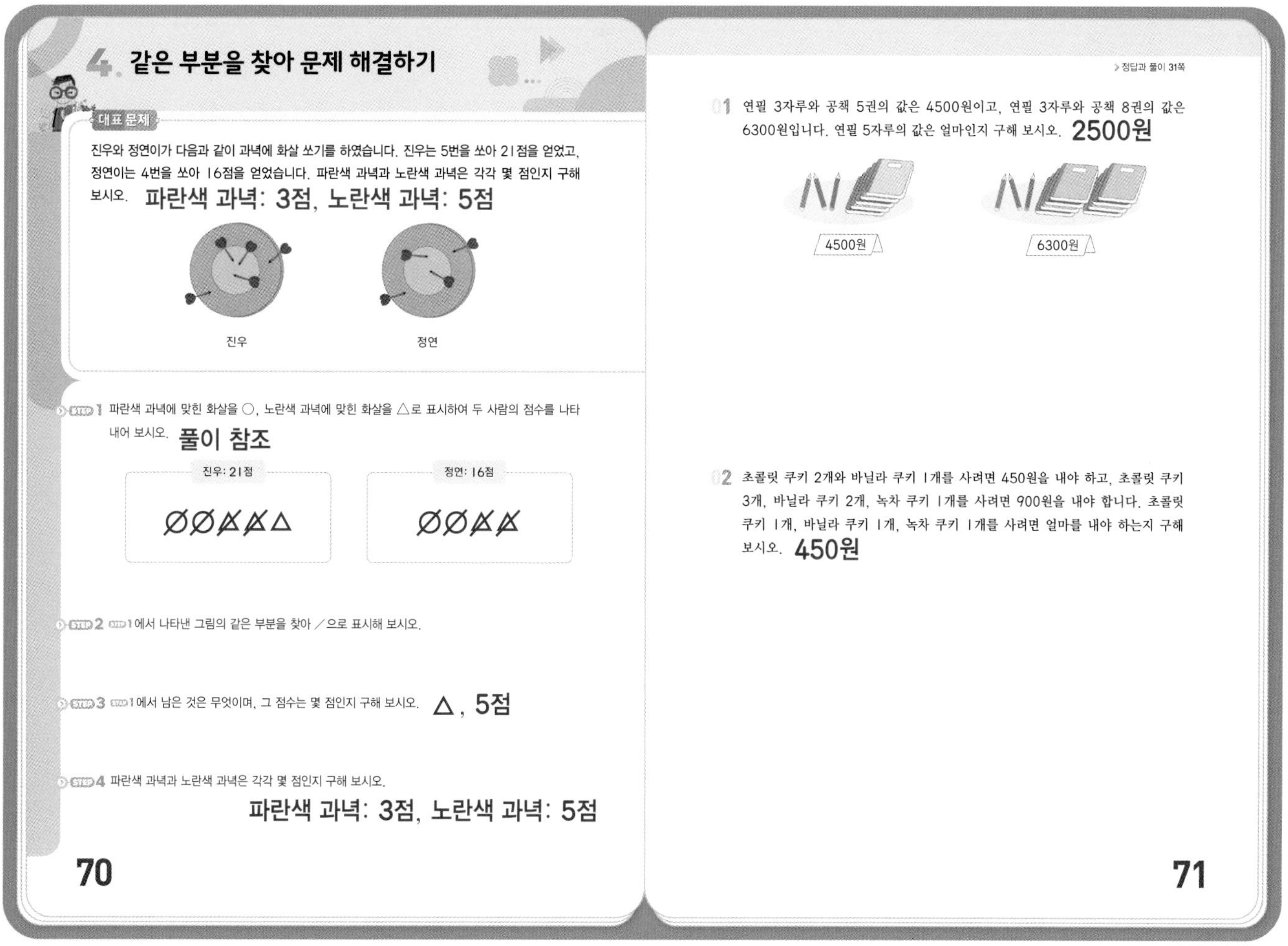

4. 같은 부분을 찾아 문제 해결하기

대표 문제

진우와 정연이가 다음과 같이 과녁에 화살 쏘기를 하였습니다. 진우는 5번을 쏘아 21점을 얻었고, 정연이는 4번을 쏘아 16점을 얻었습니다. 파란색 과녁과 노란색 과녁은 각각 몇 점인지 구해 보시오. **파란색 과녁: 3점, 노란색 과녁: 5점**

진우 정연

STEP 1 파란색 과녁에 맞힌 화살을 ○, 노란색 과녁에 맞힌 화살을 △로 표시하여 두 사람의 점수를 나타내어 보시오. **풀이 참조**

진우: 21점	정연: 16점
○○△△△	○○△△

STEP 2 STEP 1에서 나타낸 그림의 같은 부분을 찾아 ／으로 표시해 보시오.

STEP 3 STEP 1에서 남은 것은 무엇이며, 그 점수는 몇 점인지 구해 보시오. **△, 5점**

STEP 4 파란색 과녁과 노란색 과녁은 각각 몇 점인지 구해 보시오.

파란색 과녁: 3점, 노란색 과녁: 5점

70

정답과 풀이 31쪽

01 연필 3자루와 공책 5권의 값은 4500원이고, 연필 3자루와 공책 8권의 값은 6300원입니다. 연필 5자루의 값은 얼마인지 구해 보시오. **2500원**

4500원 6300원

02 초콜릿 쿠키 2개와 바닐라 쿠키 1개를 사려면 450원을 내야 하고, 초콜릿 쿠키 3개, 바닐라 쿠키 2개, 녹차 쿠키 1개를 사려면 900원을 내야 합니다. 초콜릿 쿠키 1개, 바닐라 쿠키 1개, 녹차 쿠키 1개를 사려면 얼마를 내야 하는지 구해 보시오. **450원**

71

대표 문제

STEP 1 • 진우: 파란색 과녁 2개, 노란색 과녁 3개
➡ ○○△△△
• 정연: 파란색 과녁 2개, 노란색 과녁 2개
➡ ○○△△

STEP 2 ○○△△이 같은 부분입니다.

STEP 3 △이 남는 부분이며 그 점수는 21－16＝5(점)입니다.

STEP 4 ○＋○＋5＋5＝16이므로 ○＋○＝6에서 ○은 3입니다.
따라서 파란색 과녁은 3점, 노란색 과녁은 5점입니다.

01 연필 3자루, 공책 5권 ➡ 4500원
연필 3자루, 공책 8권 ➡ 6300원
같은 부분을 찾아 빼면 공책 3권이 1800원입니다.
공책 1권이 600원이므로 공책 5권의 값은 3000원입니다.
따라서 연필 3자루의 값은 1500원이므로 연필 1자루는 500원이고, 연필 5자루의 값은 2500원입니다.

02 초콜릿 쿠키 2개, 바닐라 쿠키 1개 ➡ 450원
초콜릿 쿠키 3개, 바닐라 쿠키 2개, 녹차 쿠키 1개
➡ 900원
따라서 초콜릿 쿠키 1개, 바닐라 1개, 녹차 쿠키 1개는 900－450＝450(원)입니다.

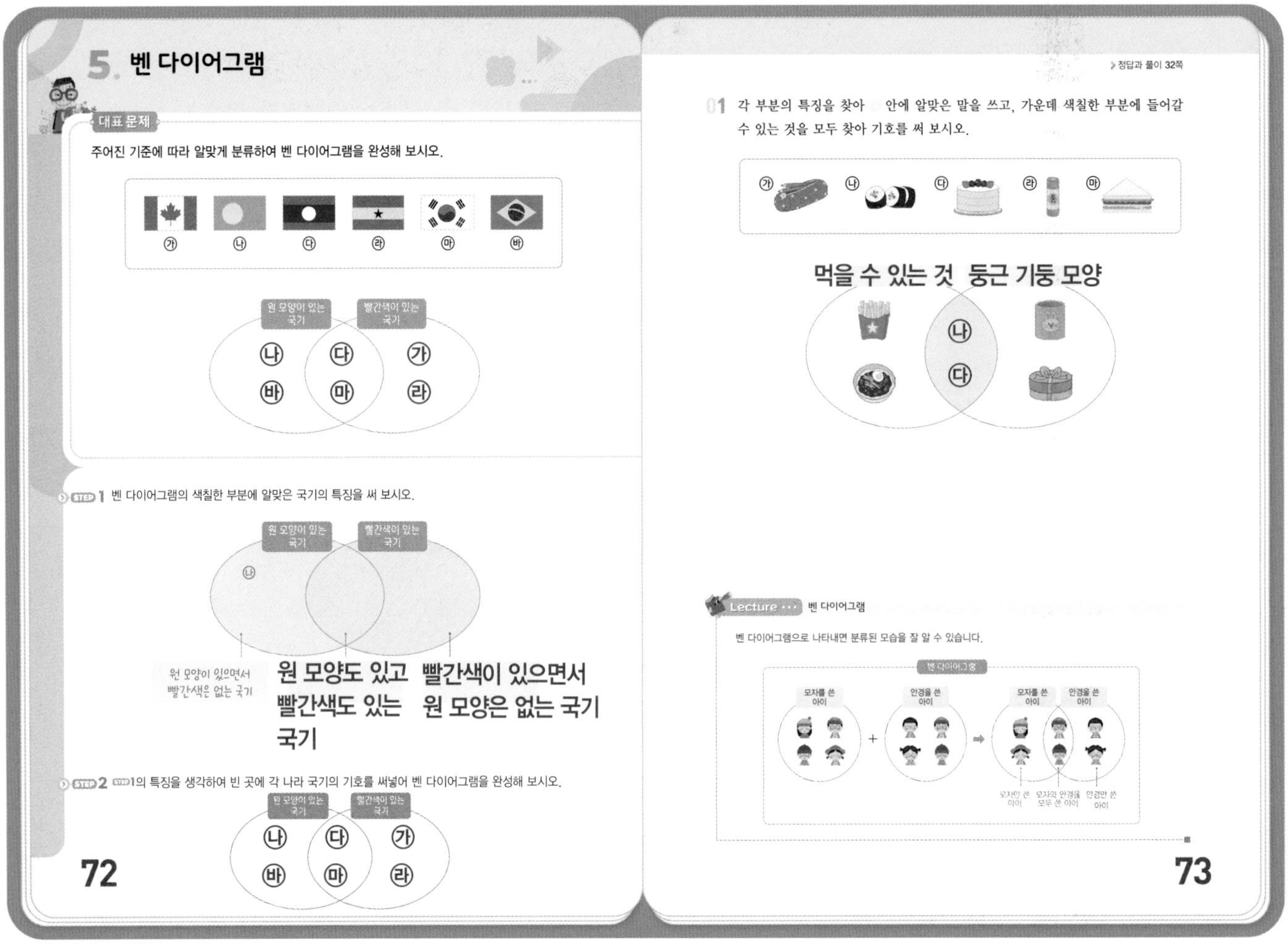

5. 벤 다이어그램

대표 문제

주어진 기준에 따라 알맞게 분류하여 벤 다이어그램을 완성해 보시오.

㉮ ㉯ ㉰ ㉱ ㉲ ㉳

원 모양이 있는 국기 / 빨간색이 있는 국기

㉯ ㉳ | ㉰ ㉲ | ㉮ ㉱

STEP 1 벤 다이어그램의 색칠한 부분에 알맞은 국기의 특징을 써 보시오.

원 모양이 있는 국기 / 빨간색이 있는 국기

원 모양이 있으면서 빨간색은 없는 국기 / 원 모양도 있고 빨간색도 있는 국기 / 빨간색이 있으면서 원 모양은 없는 국기

STEP 2 STEP 1의 특징을 생각하여 빈 곳에 각 나라 국기의 기호를 써넣어 벤 다이어그램을 완성해 보시오.

원 모양이 있는 국기 / 빨간색이 있는 국기

㉯ ㉳ | ㉰ ㉲ | ㉮ ㉱

72

▶ 정답과 풀이 32쪽

01 각 부분의 특징을 찾아 안에 알맞은 말을 쓰고, 가운데 색칠한 부분에 들어갈 수 있는 것을 모두 찾아 기호를 써 보시오.

㉮ ㉯ ㉰ ㉱ ㉲

먹을 수 있는 것 / 둥근 기둥 모양

㉯ ㉰

Lecture 벤 다이어그램

벤 다이어그램으로 나타내면 분류된 모습을 잘 알 수 있습니다.

73

대표 문제

STEP 1

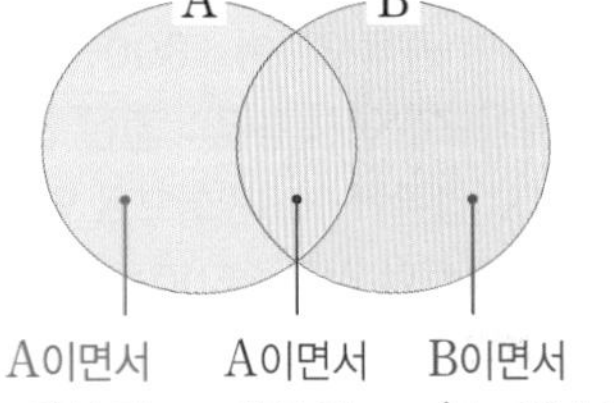

STEP 2
- 원 모양이 있으면서 빨간색은 없는 국기: ㉯, ㉳
- 원 모양도 있고 빨간색도 있는 국기: ㉰, ㉲
- 빨간색이 있으면서 원 모양은 없는 국기: ㉮, ㉱

01

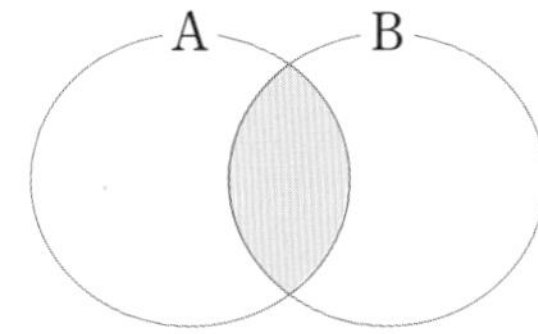

색칠한 부분은 A에도 속하고 B에도 속합니다.

- 왼쪽 둥근 모양에는 먹을 수 있는 것을 모아 놓았습니다.
- 오른쪽 둥근 모양에는 둥근 기둥 모양을 모아 놓았습니다.

따라서 색칠한 부분에는 먹을 수 있으면서 둥근 기둥 모양인 것을 놓을 수 있으므로 알맞은 것은 ㉯, ㉰입니다.

6. 똑같이 묶어 계산하기

대표 문제

바둑돌을 한 변에 12개씩 놓아 정삼각형을 만들려고 합니다. 필요한 바둑돌은 몇 개인지 구해 보시오. 33개

STEP 1 정삼각형을 만들어야 하므로 바둑돌을 똑같이 3묶음으로 묶고, 한 묶음에 몇 개씩인지 구해 보시오. 11개

예시답안

STEP 2 정삼각형을 만들 때 필요한 바둑돌의 개수를 구해 보시오. 33개

01 바둑돌을 한 변에 10개씩 놓아 정사각형을 만들려고 합니다. 필요한 바둑돌은 몇 개인지 구해 보시오. 36개

02 바둑돌 54개로 정삼각형을 만들었습니다. 한 변에 놓인 바둑돌은 몇 개인지 구해 보시오. 19개

Lecture ··· 똑같이 묶어 계산하기

한 변의 바둑돌의 수 6개 → 똑같이 묶기 → 전체 개수 구하기: 5 × 3 = 15(개) (한 묶음의 바둑돌의 수, 정삼각형의 변의 수)

74 75

대표 문제

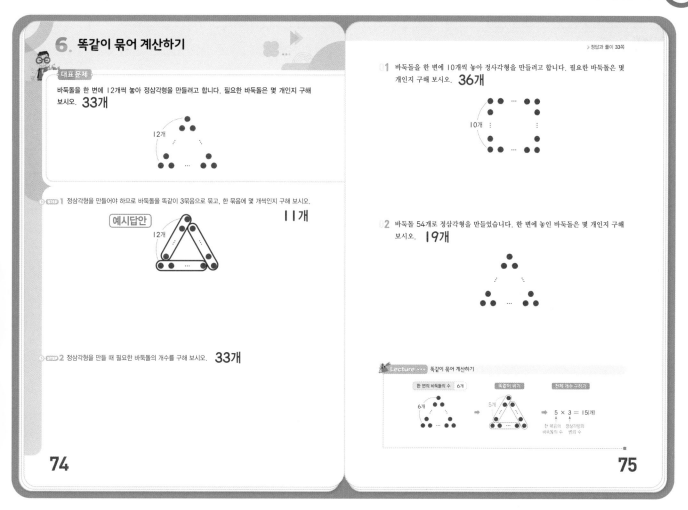

STEP 1 한 변에 놓인 바둑돌이 12개이므로 한 묶음의 바둑돌의 수는 11개입니다.

STEP 2 정삼각형의 변의 수는 3개이므로 정삼각형을 만들 때 필요한 바둑돌의 개수는 11＋11＋11＝33(개)입니다.

01 한 변에 놓인 바둑돌이 10개이므로 한 묶음의 바둑돌의 수는 9개입니다.
따라서 필요한 바둑돌의 개수는 9×4＝36(개)입니다.

02 정삼각형의 변의 수는 3개이고 18＋18＋18＝54이므로 한 묶음의 바둑돌의 수는 18개이고, 한 변에 놓인 바둑돌은 19개입니다.

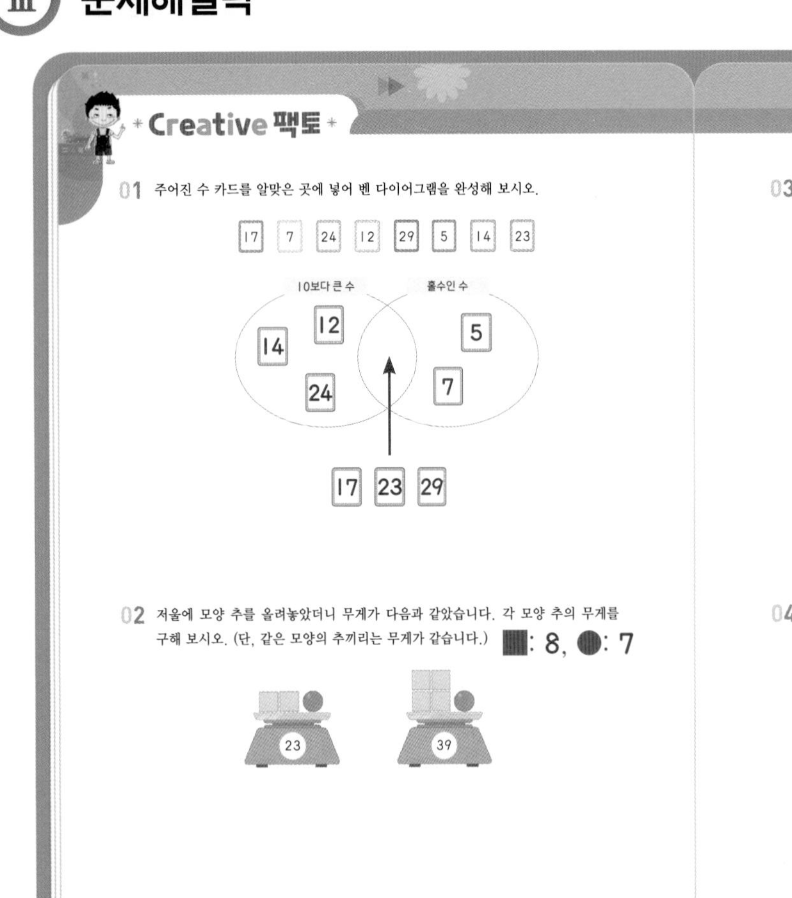

Creative 팩토

01 주어진 수 카드를 알맞은 곳에 넣어 벤 다이어그램을 완성해 보시오.

17 7 24 12 29 5 14 23

02 저울에 모양 추를 올려놓았더니 무게가 다음과 같았습니다. 각 모양 추의 무게를 구해 보시오. (단, 같은 모양의 추끼리는 무게가 같습니다.) ■: 8, ●: 7

정답과 풀이 34쪽

03 그림과 같이 바둑돌을 한 변에 16개씩 놓아 정사각형을 만들었습니다. 이 바둑돌을 같은 방법으로 남김없이 늘어놓아 정삼각형을 만들려고 합니다. 한 변에 놓아야 할 바둑돌은 몇 개인지 구해 보시오. 21개

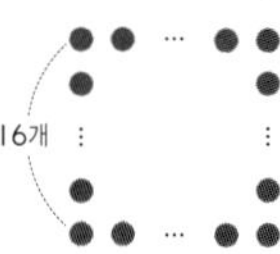

04 큰 상자 1개와 작은 상자 2개에 구슬을 담으면 117개를 담을 수 있고, 큰 상자 2개와 작은 상자 2개에 구슬을 담으면 164개를 담을 수 있습니다. 작은 상자 1개에 담을 수 있는 구슬은 몇 개인지 구해 보시오. 35개

01
- 10보다 크면서 홀수가 아닌 수: 12, 14, 24
- 10보다 크면서 홀수인 수: 17, 23, 29
- 홀수이면서 10보다 작은 수: 5, 7

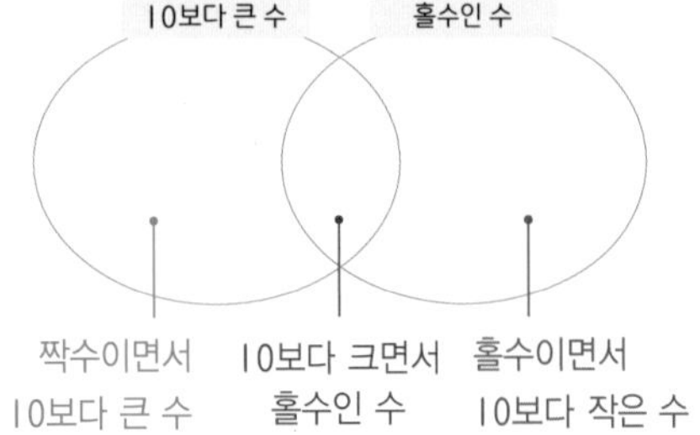

02
- 사각형 모양 추 2개, 원 모양 추 1개 ➡ 23
- 사각형 모양 추 4개, 원 모양 추 1개 ➡ 39

사각형 모양 추 2개의 무게는 39−23=16이므로 사각형 모양 추 1개의 무게는 8입니다.
따라서 원 모양 추 1개의 무게는 23−8−8=7입니다.

03 한 변에 16개씩 놓았으므로 한 묶음의 바둑돌의 수는 15개입니다. 정사각형을 만드는 데 사용한 바둑돌은 모두 15+15+15+15=60(개)입니다.
20+20+20=60이므로 정삼각형을 만들려면 한 묶음의 바둑돌의 수는 20개가 되어야 합니다.
따라서 한 변에 놓아야 할 바둑돌은 21개입니다.

04
- 큰 상자 1개와 작은 상자 2개 ➡ 117개
- 큰 상자 2개와 작은 상자 2개 ➡ 164개

큰 상자 1개에는 구슬을 164−117=47(개) 담을 수 있습니다.
117−47=70이고, 35+35=70이므로 작은 상자 1개에는 구슬을 35개 담을 수 있습니다.

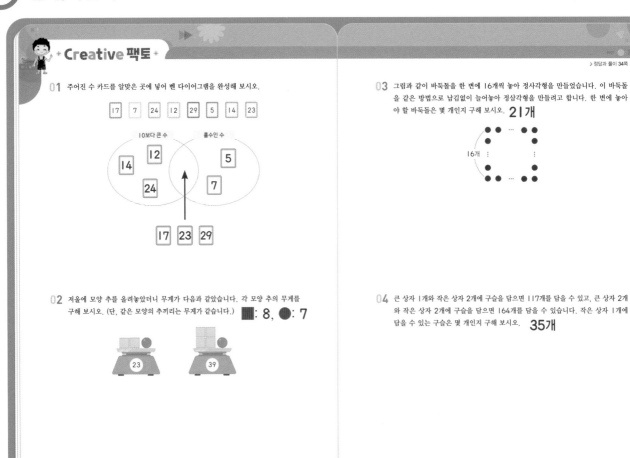

Creative 팩토

> 정답과 풀이 35쪽

05 그림과 같이 여러 가지 모양의 스티커 몇 장을 가지고 한 변에 6장씩 놓아 정사각형 모양으로 붙였습니다. 스티커 한 장이 10원일 때, 정사각형 모양으로 붙이는 데 사용한 스티커의 값은 모두 얼마인지 구해 보시오. 200원

06 어느 사탕 가게에서 딸기 맛 사탕 3개, 포도 맛 사탕 2개, 레몬 맛 사탕 1개의 가격은 1000원, 딸기 맛 사탕 2개, 포도 맛 사탕 2개의 가격은 600원, 딸기 맛 사탕 2개, 포도 맛 사탕 1개, 레몬 맛 사탕 1개의 가격은 700원입니다. 레몬 맛 사탕은 포도 맛 사탕보다 얼마가 더 비싼지 구해 보시오. 100원

78

07 여러 가지 모양 카드를 보고 벤 다이어그램에서 색칠한 부분에 들어갈 모양 카드는 몇 장인지 구해 보시오.

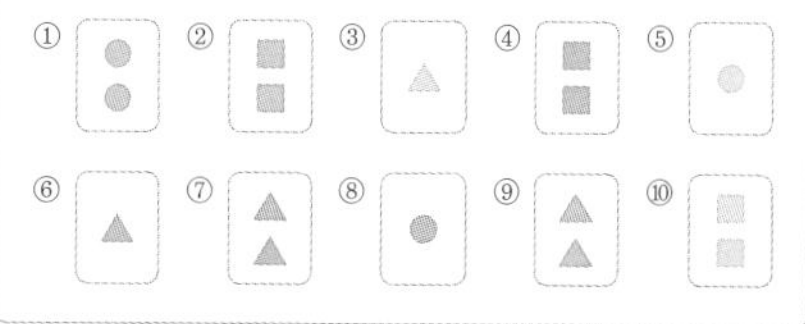

(1)

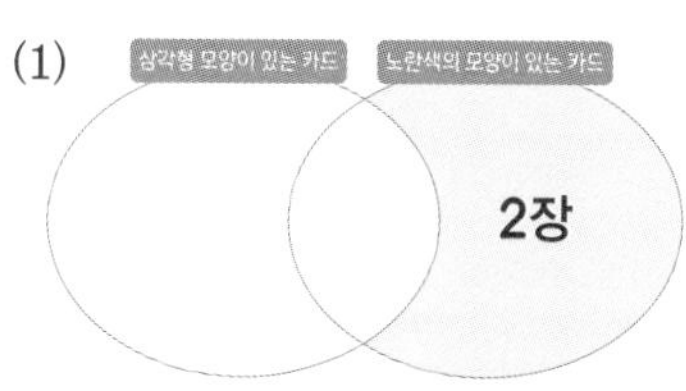

(2)

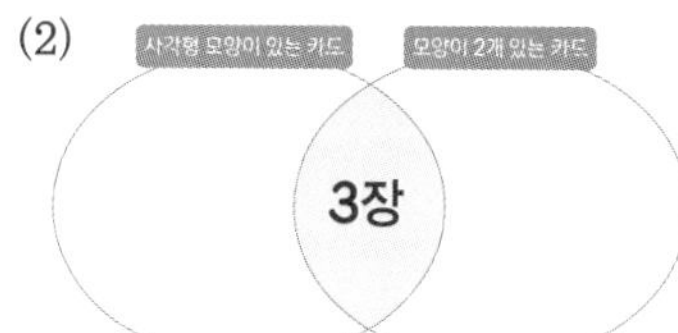

79

05 한 변에 6장씩 놓았으므로 한 묶음의 스티커의 수는 5장입니다. 정사각형 모양을 만드는 데 사용한 스티커는 모두 $5 \times 4 = 20$(장)입니다.
따라서 사용한 스티커의 값은 200원입니다.

06 같은 부분을 찾아 문제를 해결해 봅니다.
- 딸기 맛 사탕 1개와 레몬 맛 사탕 1개의 가격: $1000 - 600 = 400$(원)
- 딸기 맛 사탕 1개와 포도 맛 사탕 1개의 가격: $1000 - 700 = 300$(원)

따라서 레몬 맛 사탕은 포도 맛 사탕보다 100원 더 비쌉니다.

07 (1)

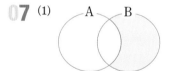

A에는 속하지 않고 B에만 속합니다.
삼각형 모양은 아니면서 노란색의 모양이 있는 카드를 찾으면 ⑤, ⑩번 카드 2장입니다.

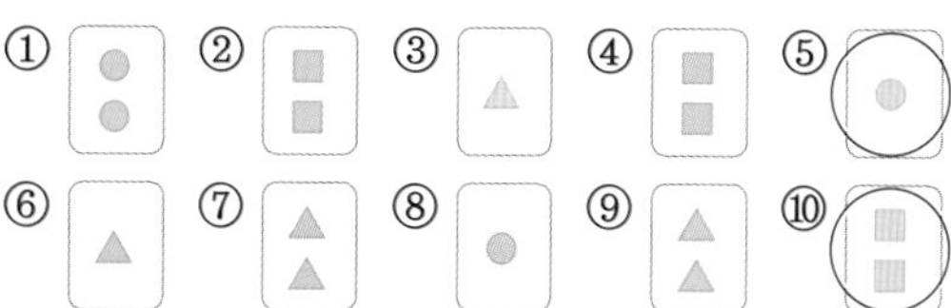

(2)

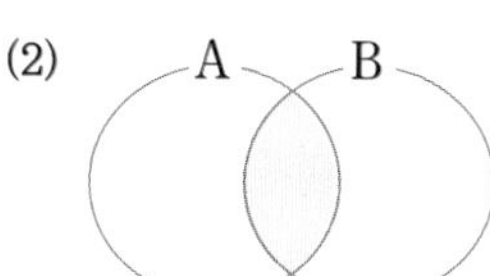

A에도 속하고, B에도 속합니다.
사각형 모양이면서 모양이 2개 있는 카드를 찾으면 ②, ④, ⑩번 카드 3장입니다.

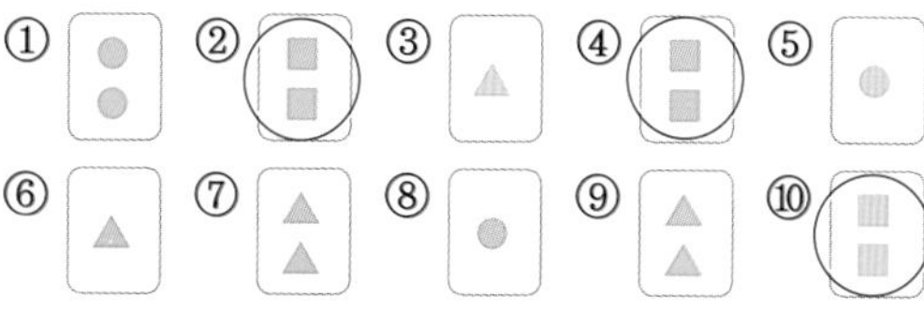

Perfect 경시대회

정답과 풀이 36쪽

01 다음은 민아네 자동차의 번호판입니다. 번호판의 뒤의 두 자리 수에 8을 더한 값의 절반에서 5를 뺀 값이 앞의 두 자리 수일 때, 민아네 자동차의 번호는 무엇인지 구해 보시오. 1532

| 1 | 5 | □ | □ |

02 길이가 다른 3개의 막대가 있습니다. 가장 긴 막대의 길이는 중간 막대의 길이보다 7cm 더 길고, 중간 막대의 길이는 가장 짧은 막대의 길이보다 8cm 더 깁니다. 3개의 막대의 길이의 합이 38cm일 때 중간 길이의 막대는 몇 cm인지 구해 보시오. 13 cm

03 두 마리의 달팽이가 서로를 향해 열심히 기어가고 있습니다. 달팽이 사이의 거리는 1분에 절반씩 줄어든다고 합니다. 5분 동안 기어가 달팽이 사이의 거리가 3cm 남았다면 처음에 두 달팽이가 떨어져 있던 거리는 몇 cm인지 구해 보시오. 96 cm

04 올해 세연이는 9살, 동생은 3살, 어머니는 37살입니다. 세연이네 가족은 동생 나이의 4배 한 수와 세연이의 나이를 더한 값이 어머니의 나이와 같아지는 해에 가족 여행을 가기로 했습니다. 지금부터 몇 년 후에 여행을 가게 되는지 구해 보시오. 4년 후

80 81

---

01 거꾸로 계산하여 뒤의 두 자리 수를 구해 봅니다.

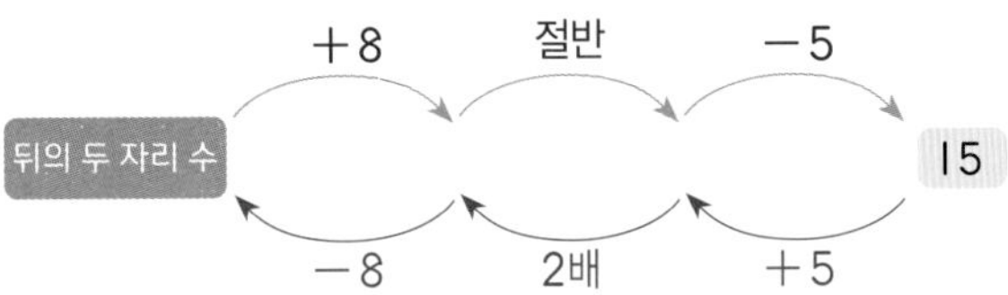

15+5=20이고, 20의 2배는 40입니다.
40−8=32이므로 뒤의 두 자리 수는 32입니다.
따라서 민아네 자동차의 번호는 1532입니다.

02 • 막대 3개의 길이의 합: 38cm

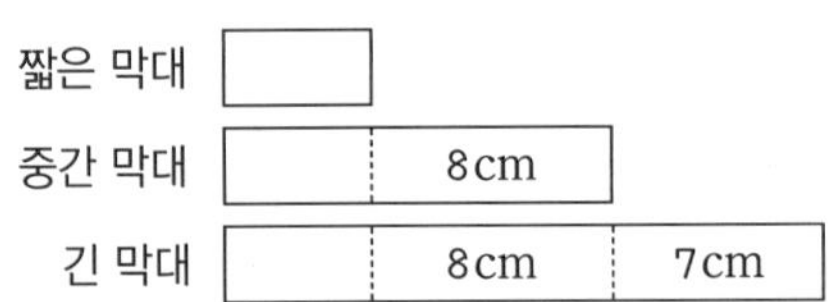

• 짧은 막대 3개의 길이의 합: 38−8−8−7=15(cm)

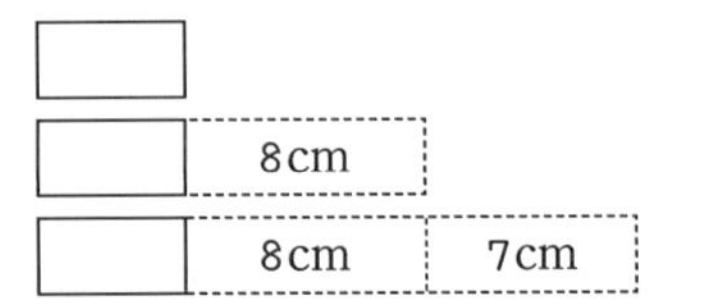

따라서 짧은 막대 1개의 길이는 5cm이고, 중간 막대 1개의 길이는 5+8=13(cm)입니다.

03 달팽이 사이의 거리가 1분에 절반씩 줄어든다고 했으므로 거꾸로 생각하면 1분 전에는 두 달팽이 사이의 거리가 2배 늘어납니다.

• 5분 동안 기어갔을 때 남아 있는 거리: 3cm
• 4분 동안 기어갔을 때 남아 있는 거리: 6cm
• 3분 동안 기어갔을 때 남아 있는 거리: 12cm
• 2분 동안 기어갔을 때 남아 있는 거리: 24cm
• 1분 동안 기어갔을 때 남아 있는 거리: 48cm

따라서 처음 두 달팽이 사이의 거리는 96cm입니다.

04 표를 이용하여 구해 봅니다.

	올해	1년 후	2년 후	3년 후	4년 후
세연이의 나이(살)	9	10	11	12	13
동생의 나이(살)	3	4	5	6	7
동생 나이의 4배 한 수와 세연이의 나이의 합	21	26	31	36	41
어머니의 나이(살)	37	38	39	40	41

동생 나이의 4배 한 수와 세연이의 나이를 더한 값이 어머니의 나이와 같아지는 때는 4년 후입니다.

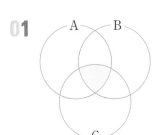

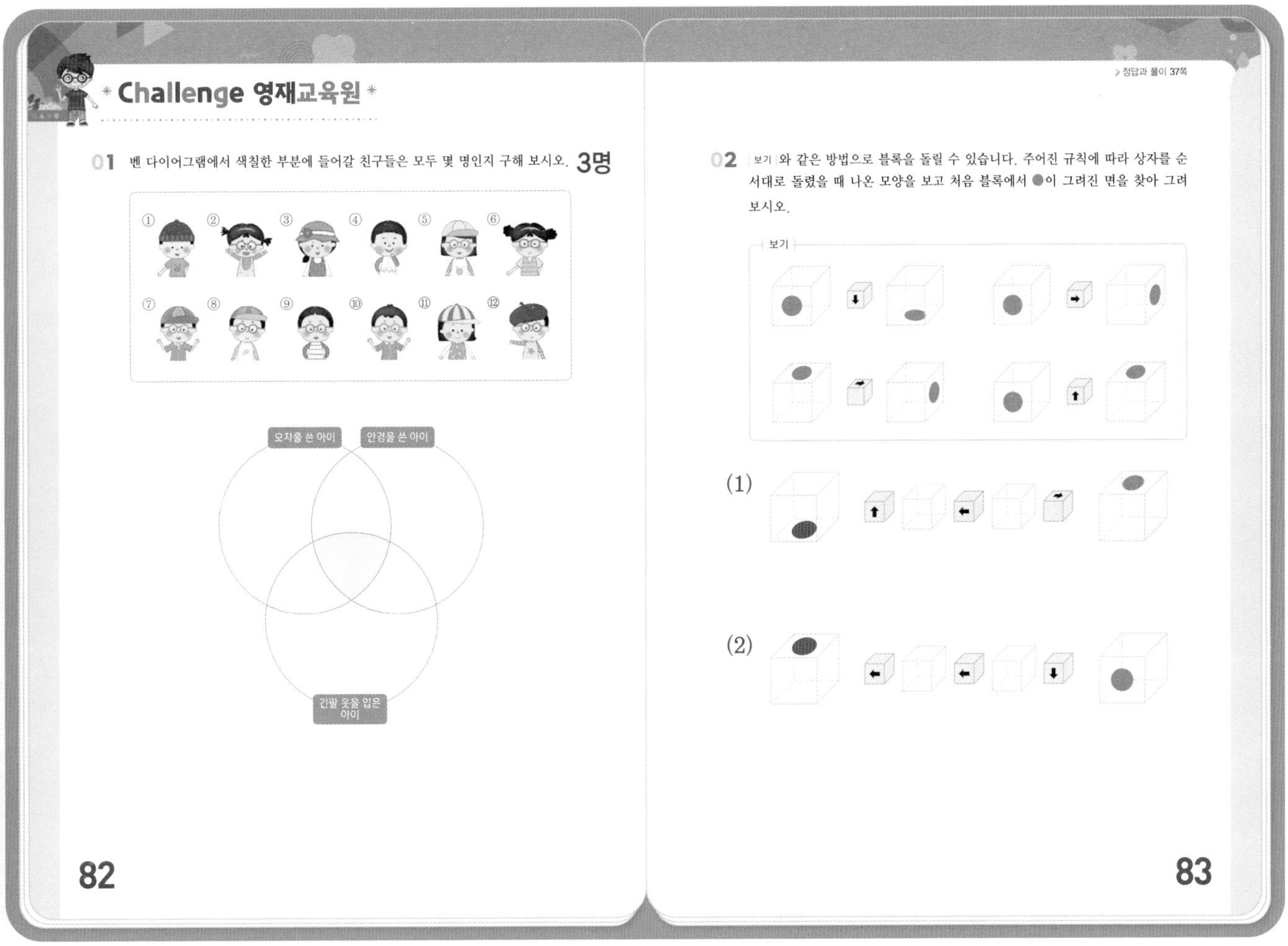

* Challenge 영재교육원 *

01 벤 다이어그램에서 색칠한 부분에 들어갈 친구들은 모두 몇 명인지 구해 보시오. **3명**

①②③④⑤⑥⑦⑧⑨⑩⑪⑫

모자를 쓴 아이 / 안경을 쓴 아이 / 긴팔 옷을 입은 아이

> 정답과 풀이 37쪽

02 보기 와 같은 방법으로 블록을 돌릴 수 있습니다. 주어진 규칙에 따라 상자를 순서대로 돌렸을 때 나온 모양을 보고 처음 블록에서 ●이 그려진 면을 찾아 그려 보시오.

보기

(1)

(2)

01

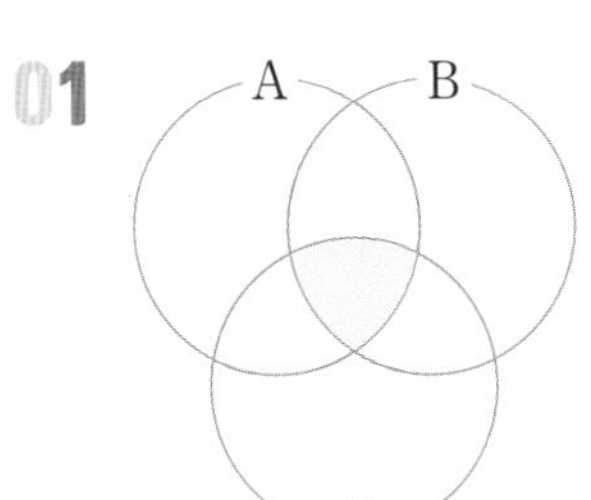

A에도 속하고, B에도 속하고, C에도 속합니다.
색칠한 부분에 들어갈 친구는 모자를 쓰고, 안경을 쓰고, 긴팔 옷을 입은 아이입니다.
따라서 모자와 안경을 쓰고, 긴팔 옷을 입은 아이는 ⑤, ⑧, ⑫번 친구 3명입니다.

02 거꾸로 생각하여 처음 블록에서 ●이 그려진 면을 찾아봅니다.

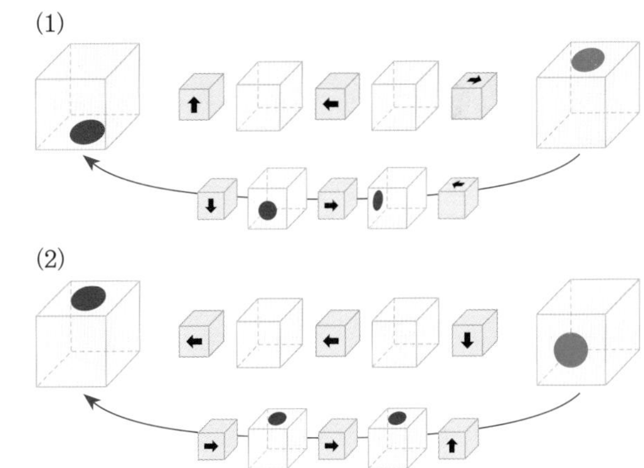

평가

01 규칙을 찾아 10째 번 구슬의 색깔과 그 개수를 구해 보시오. 빨간색, 2개

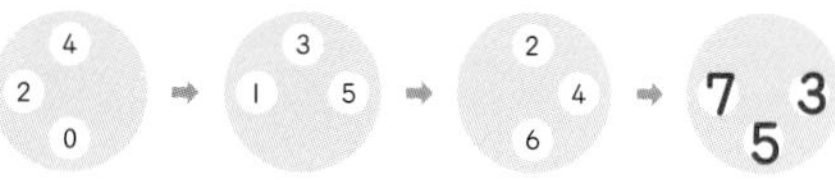

02 규칙을 찾아 마지막 모양의 빈 곳에 알맞은 수를 써넣으시오.

(4, 2, 0) ➡ (3, 1, 5) ➡ (2, 4, 6) ➡ (7, 3, 5)

2

03 규칙을 찾아 ㉮, ㉯에 알맞은 수를 각각 구해 보시오. ㉮: 2, ㉯: 11

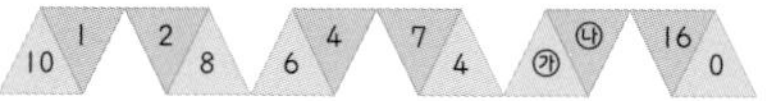

04 약속 을 보고 규칙을 찾아 주어진 식을 계산해 보시오.

약속

2 ★ 7 = 10　　6 ★ 1 = 8

8 ★ 3 = 12　　9 ★ 6 = 16

(1) 5 ★ 2 = 8　　(2) 4 ★ 9 = 14

3

01 개수는 '3개, 2개'로 반복됩니다.
색깔은 '빨간색, 노란색, 초록색'으로 반복됩니다.

02 원 안에 있는 가장 작은 수의 위치는 시계 방향으로 1칸씩 이동합니다.
가장 작은 수는 0부터 시작하여 1씩 커지고 그 수부터 2씩 커지는 수 2개를 시계 방향으로 적습니다.

03 분홍색 칸에 있는 수는 2씩 작아지는 규칙이므로 ㉮는 2입니다.
하늘색 칸에 있는 수는 늘어나는 수가 1씩 커지는 규칙이므로 ㉯는 7+4=11입니다.

04 ★은 두 수의 합에 1을 더하는 규칙입니다.
(1) 5 ★ 2=5+2+1=8
(2) 4 ★ 9=4+9+1=14

형성평가 규칙 영역

05 규칙을 찾아 마지막 그림을 완성해 보시오.

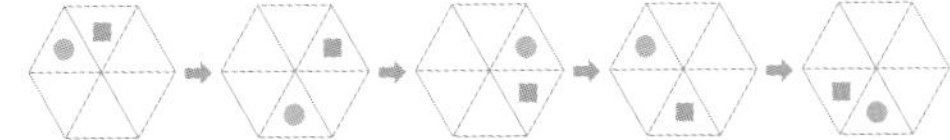

06 규칙을 찾아 안에 알맞은 수를 써넣으시오.

35	31	27	23	19	15

4

07 규칙을 찾아 마지막 모양이 나타내는 수를 구해 보시오. 35

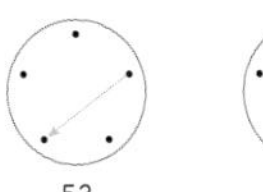
53

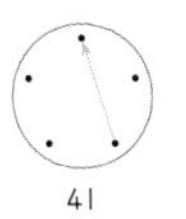
41

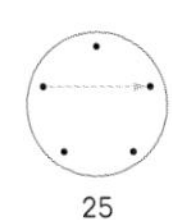
25

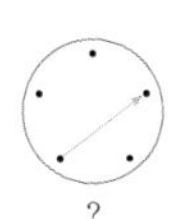
?

08 오른쪽 그림은 왼쪽 수 배열표의 일부분입니다. 수 배열표의 규칙을 찾아 ★에 알맞은 수를 구해 보시오. 21

1	2	3	4	5	6	7
8	9	10	11	12	13	14
15	16	17	18	19	20	21
⋮	⋮	⋮	⋮	⋮	⋮	⋮

			★
32			

5

05 ● 모양은 시계 반대 방향으로 2칸씩 이동하는 규칙입니다.
■ 모양은 시계 방향으로 1칸씩 이동하는 규칙입니다.

06 35부터 시작하여 4씩 줄어드는 규칙입니다.
따라서 19 다음의 수는 $19-4=15$입니다.

07  라고 할 때, 화살표의 시작점에 있는 숫자가 주어진 수의 십의 자리 숫자이고 화살표의 끝점에 있는 숫자가 주어진 수의 일의 자리 숫자입니다.

08 수 배열표에서 오른쪽으로 한 칸씩 갈 때마다 1씩 커지고, 아래줄로 한 칸씩 갈 때마다 7씩 커지는 규칙입니다.

18	19	20	★
25			
32			

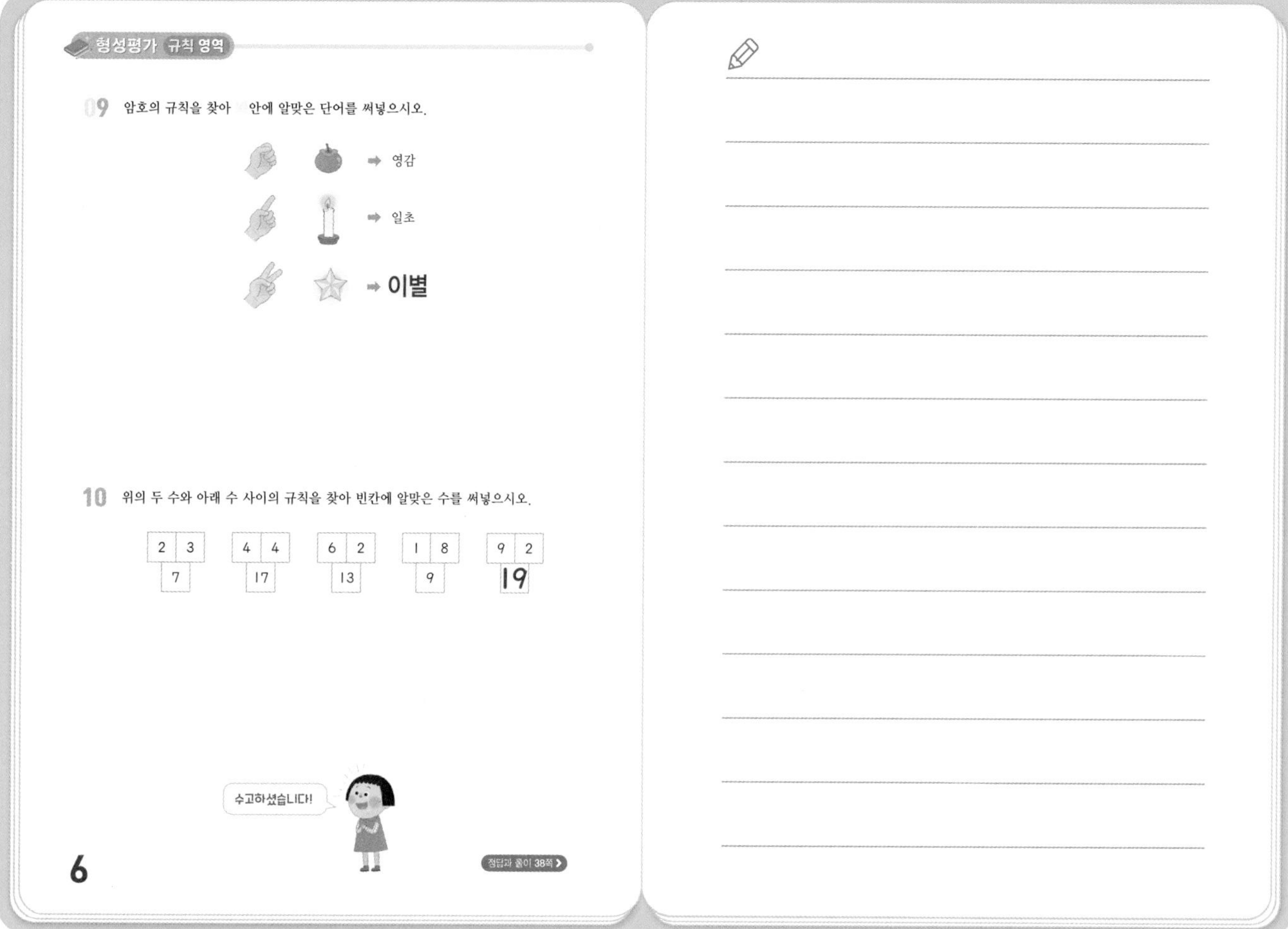
형성평가 규칙 영역

09 암호의 규칙을 찾아 안에 알맞은 단어를 써넣으시오.

⇒ 영감

⇒ 일초

⇒ 이별

10 위의 두 수와 아래 수 사이의 규칙을 찾아 빈칸에 알맞은 수를 써넣으시오.

2 3	4 4	6 2	1 8	9 2
7	17	13	9	19

6

정답과 풀이 38쪽

09 앞의 글자는 손가락의 수를 한글로 나타내므로 '이'입니다.
뒤의 글자는 그림이 나타내는 단어이므로 '별'입니다.

10 위의 두 수의 곱에 1을 더하는 규칙입니다.
$\rightarrow 9\times2+1=19$

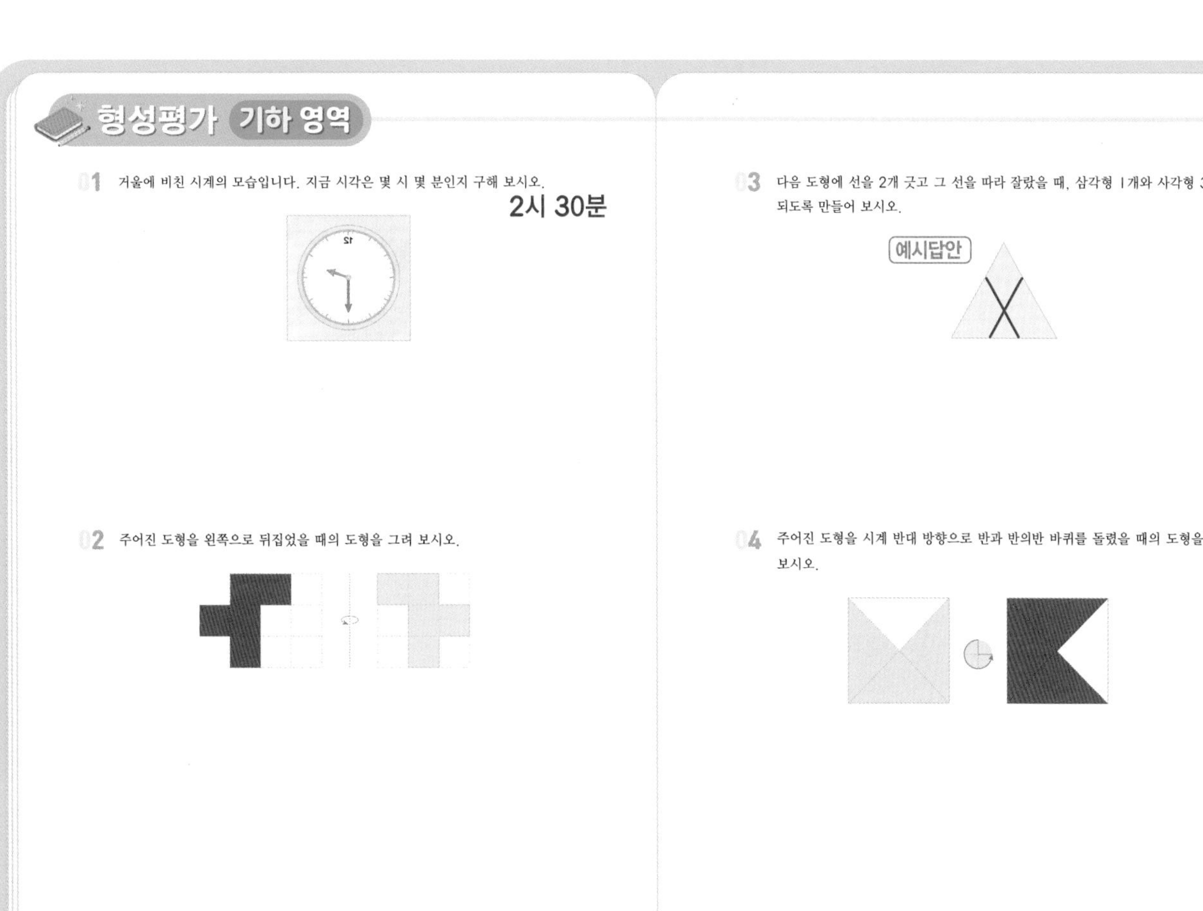
형성평가 기하 영역

01 거울에 비친 시계의 모습입니다. 지금 시각은 몇 시 몇 분인지 구해 보시오.
2시 30분

02 주어진 도형을 왼쪽으로 뒤집었을 때의 도형을 그려 보시오.

03 다음 도형에 선을 2개 긋고 그 선을 따라 잘랐을 때, 삼각형 1개와 사각형 3개가 되도록 만들어 보시오.

예시답안

04 주어진 도형을 시계 반대 방향으로 반과 반의반 바퀴를 돌렸을 때의 도형을 그려 보시오.

8

9

01

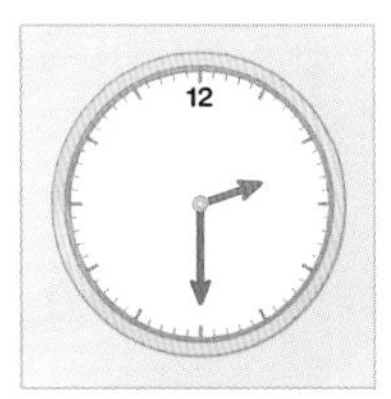

〈거울에 비친 모습〉 〈거울에 비추기 전 모습〉

지금 시각은 2시 30분입니다.

02 왼쪽으로 뒤집으면 왼쪽과 오른쪽이 서로 바뀝니다.

03 선을 긋고 선을 따라 잘랐을 때 삼각형 1개, 사각형 3개가 만들어지도록 선을 그으려면 삼각형의 꼭짓점을 지나지 않는 두 선이 삼각형 내부에서 서로 만나도록 그리면 됩니다.

예시답안

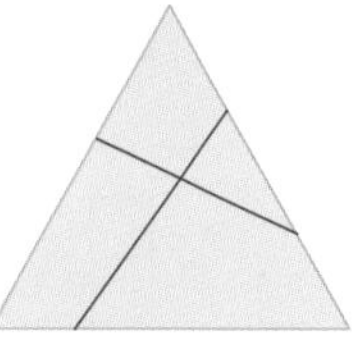

04 ◔와 같이 돌린 모양은 ◔와 같이 돌린 모양과 같습니다. 시계 방향으로 반의반 바퀴 돌리면 위쪽 부분이 오른쪽으로 바뀝니다.

형성평가 기하 영역

05 다음 그림에서 찾을 수 있는 크고 작은 사각형은 모두 몇 개인지 구해 보시오. 16개

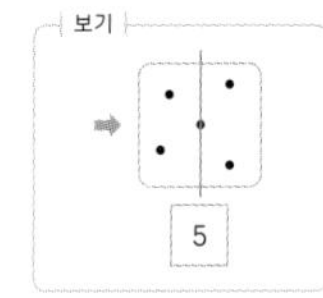

07 다음 그림에서 찾을 수 있는 크고 작은 삼각형은 모두 몇 개인지 구해 보시오. 13개

06 다음 그림에서 파란색 선은 거울을 세워 놓는 위치를, 화살표는 거울을 보는 방향을 나타내고, 수는 종이 위의 모양과 거울 속의 모양을 함께 보았을 때 점의 개수를 나타냅니다. 수, 화살표, 직선을 차례대로 나타내어 보시오.

보기 5

(1) 4 (2) 7 (3) 10

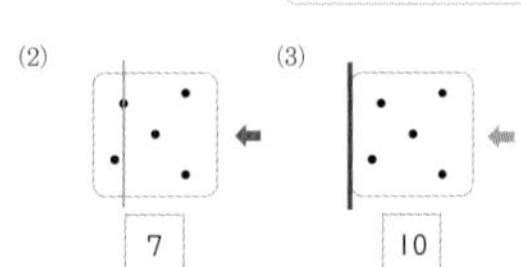

08 다음은 디지털 숫자로 만든 덧셈식을 거울에 비춘 모양입니다. ㉮와 ㉯의 합을 구해 보시오. 86

12=55+㉮

㉯=81+PE

10 11

05 크고 작은 사각형을 모두 찾아봅니다.

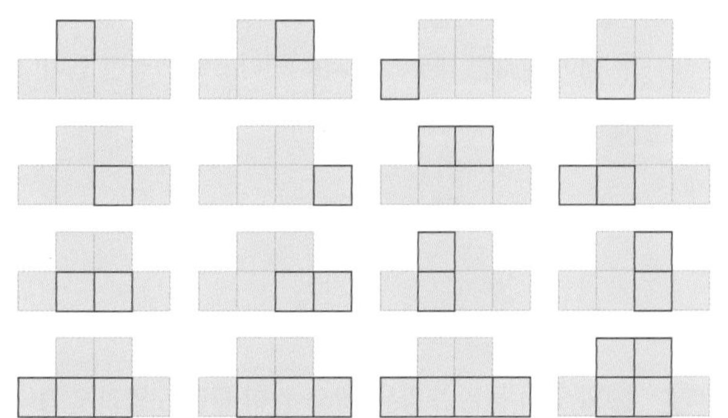

06 (1) 종이 위의 점은 2개이므로 거울 속의 모양에도 점은 2개입니다. ➡ 2+2=4(개)

(2) 종이 위의 모양과 거울 속의 모양의 점의 개수가 7이려면 종이 위의 점은 3개와 1개의 반쪽이어야 합니다. 따라서 오른쪽에서 봐야 합니다.

(3) 종이 위의 모양과 거울 속의 모양의 점의 개수가 10이려면 종이 위의 점은 5개여야 합니다.

07 크고 작은 삼각형을 모두 찾아봅니다.

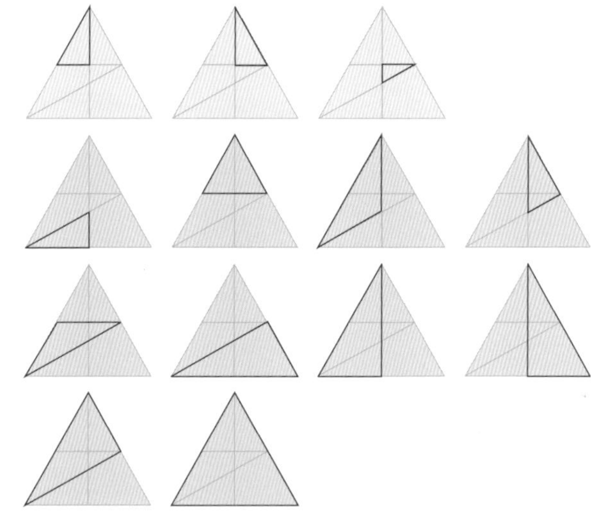

08 ㉮+22=51 ➡ ㉮=52−22=29

39+18=㉯ ➡ ㉯=57

따라서 ㉮와 ㉯의 합은 29+57=86입니다.

형성평가 기하 영역

09 도형을 주어진 조건에 맞게 움직였을 때의 도형을 그려 보시오.

왼쪽으로 5번 뒤집은 다음
아래쪽으로 5번 뒤집기

10 다음과 같이 점 사이의 간격이 모두 같은 점 종이가 있습니다. 점 종이 위에 점을 이어서 그릴 수 있는 서로 다른 모양의 사각형은 모두 몇 가지인지 구해 보시오. (단, 돌리거나 뒤집어서 겹쳐지는 것은 한 가지로 봅니다.) **3가지**

수고하셨습니다!

12

정답과 풀이 41쪽

09 왼쪽으로 2번 뒤집으면 원래의 모양이 나옵니다.
따라서 왼쪽으로 5번 뒤집은 도형은 왼쪽으로 1번 뒤집은 도형과 같습니다.

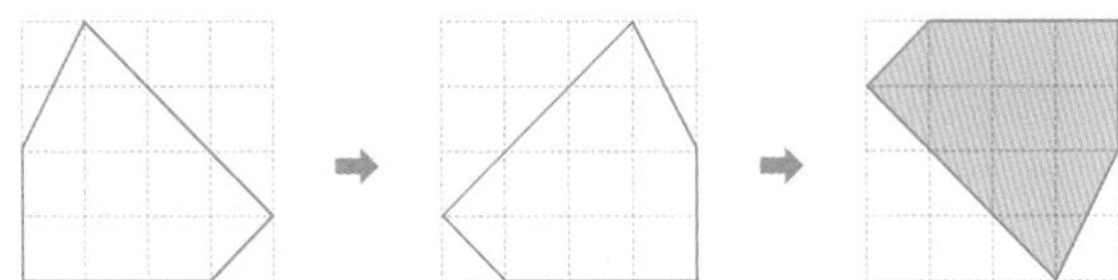

아래쪽으로 2번 뒤집으면 원래의 모양이 나옵니다.
따라서 아래쪽으로 5번 뒤집은 도형은 아래쪽으로 1번 뒤집은 도형과 같습니다.
즉, 왼쪽으로 1번, 아래쪽으로 1번 뒤집으면 됩니다.

10 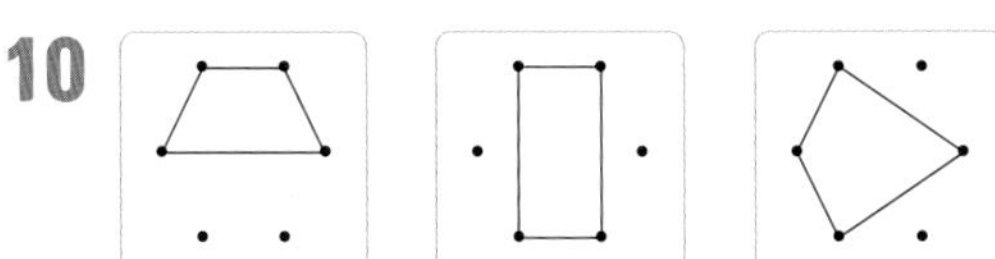

따라서 만들 수 있는 서로 다른 모양의 사각형은 모두 3가지입니다.

형성평가 문제해결력 영역

01 초코 쿠키와 녹차 쿠키가 한 상자 안에 합하여 24개 들어 있습니다. 초코 쿠키가 녹차 쿠키보다 6개 더 적게 들어 있을 때 초코 쿠키와 녹차 쿠키는 각각 몇 개인지 구해 보시오. 초코 쿠키: 9개, 녹차 쿠키: 15개

02 올해 윤서는 3살, 동생은 2살, 언니는 8살입니다. 표를 이용하여 유주와 동생의 나이의 합이 언니의 나이와 같아지는 것은 몇 년 후인지 구해 보시오. 3년 후

	올해	1년 후	2년 후	3년 후
유주의 나이(살)	3	4	5	6
동생의 나이(살)	2	3	4	5
언니의 나이(살)	8	9	10	11
유주와 동생의 나이의 합	5	7	9	11

14

03 주아네 반 학급 문고에 몇 권의 책이 있었습니다. 주아가 5권을 갖다 놓고, 지안이가 3권을 빌려 갔습니다. 건우가 4권을 더 갖다 놓았더니 학급 문고의 책이 15권이 되었습니다. 처음 학급 문고에 있던 책은 몇 권인지 구해 보시오. 9권

04 어느 가게에서 초콜릿 3개와 사탕 5개의 가격은 1900원이고, 초콜릿 3개와 사탕 2개의 가격은 1300원입니다. 초콜릿 3개와 사탕 3개의 가격은 얼마인지 구해 보시오. 1500원

15

01 초코 쿠키가 녹차 쿠키보다 6개 적고 초코 쿠키와 녹차 쿠키를 합하여 24개이므로 그림으로 나타내면 다음과 같습니다.

초코 쿠키 ○○○○○○○○○
녹차 쿠키 ○○○○○○○○○○○○○○○

따라서 초코 쿠키는 9개, 녹차 쿠키는 15개입니다.

02 표를 이용하여 구해 봅니다.

	올해	1년 후	2년 후	3년 후
윤서의 나이(살)	3	4	5	6
동생의 나이(살)	2	3	4	5
언니의 나이(살)	8	9	10	11
윤서와 동생의 나이의 합(살)	5	7	9	11

따라서 윤서와 동생의 나이의 합이 언니의 나이와 같아지는 것은 3년 후입니다.

03 학급 문고의 책의 수를 거꾸로 세어 봅니다.
- 건우가 갖다 놓기 전의 책의 수: 15－4＝11(권)
- 지안이가 빌려 가기 전의 책의 수: 11＋3＝14(권)
- 주아가 갖다 놓기 전의 책의 수: 14－5＝9(권)

따라서 처음 학급 문고에 있던 책은 9권입니다.

04 초콜릿 3개와 사탕 5개 ➡ 1900원
초콜릿 3개와 사탕 2개 ➡ 1300원
같은 부분을 찾아 빼면 사탕 3개는 600원이므로 사탕 1개는 200원입니다.
따라서 초콜릿 3개와 사탕 2개는 1300원이므로 초콜릿 3개와 사탕 3개는 1300＋200＝1500(원)입니다.

형성평가 문제해결력 영역

05 주어진 기준에 따라 알맞게 분류하여 벤 다이어그램을 완성해 보시오.

가로줄이 있는 국기 / 세로줄이 있는 국기

㉯, ㉳ / ㉮, ㉱ / ㉰, ㉲

06 바둑돌을 한 변에 7개씩 놓아 정사각형을 만들려고 합니다. 필요한 바둑돌은 몇 개인지 구해 보시오. 24개

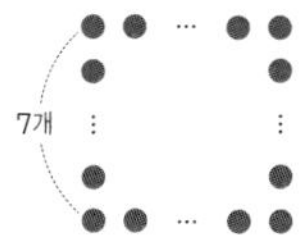

07 주머니 안에 빨간색 구슬은 초록색 구슬보다 4개 더 많고, 보라색 구슬은 초록색 구슬보다 3개 더 많습니다. 주머니 안에 들어 있는 빨간색, 초록색, 보라색 구슬이 모두 16개일 때, 초록색 구슬은 몇 개인지 구해 보시오. 3개

08 올해 민주와 언니의 나이의 합은 11이고, 곱은 22보다 크고 32보다 작습니다. 그리고 작년에 민주와 언니의 나이의 곱은 20이었습니다. 표를 이용하여 올해 민주와 언니의 나이를 각각 구해 보시오.

올해	민주의 나이(살)	1	2	3	4	5
	언니의 나이(살)	10	9	8	7	6
	민주와 언니의 나이의 곱(살)	10	18	24	28	30

민주의 나이: 5살, 언니의 나이: 6살

05 가로줄이 있는 국기 / 세로줄이 있는 국기

가로줄이 있고 세로줄은 없는 국기 / 가로줄과 세로줄이 모두 있는 국기 / 세로줄이 있고 가로줄은 없는 국기

- 가로줄이 있고 세로줄은 없는 국기: ㉯, ㉳
- 가로줄과 세로줄이 모두 있는 국기: ㉮, ㉱
- 세로줄이 있고 가로줄은 없는 국기: ㉰, ㉲

06 한 변에 놓인 바둑돌이 7개이므로 한 묶음의 바둑돌의 수는 6개입니다.

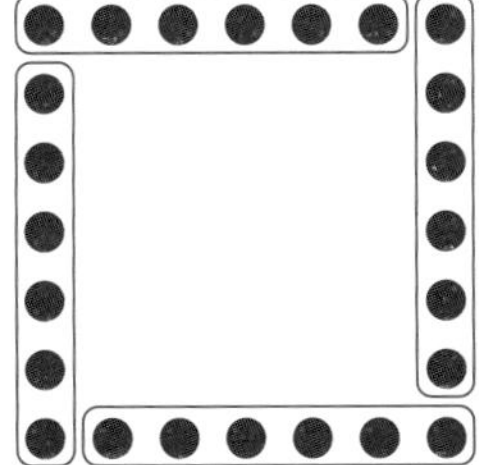

따라서 필요한 바둑돌의 개수는 $6\times4=24$(개)입니다.

07 빨간색 구슬은 초록색 구슬보다 4개 더 많고, 보라색 구슬은 초록색 구슬보다 3개 더 많고, 모두 16개이므로 그림으로 나타내면 아래와 같습니다.

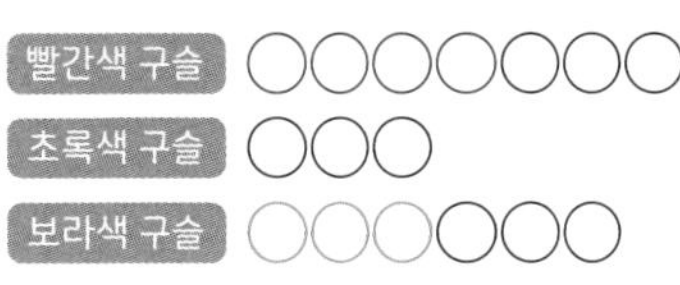

따라서 초록색 구슬은 3개입니다.

08 나이의 합이 11이 되는 경우를 표로 나타내어 봅니다.

올해	민주의 나이(살)	1	2	3	4	5
	언니의 나이(살)	10	9	8	7	6
	민주와 언니의 나이의 곱	10	18	24	28	30
작년	민주의 나이(살)	—	1	2	3	4
	언니의 나이(살)	—	8	7	6	5
	민주와 언니의 나이의 곱	—	8	14	18	20

작년 민주와 언니의 나이의 곱이 20이 되는 것은 올해 민주와 언니의 나이가 각각 5살, 6살이 되는 경우입니다.

형성평가 문제해결력 영역

09 저울에 모양 추를 올려놓았더니 무게가 다음과 같았습니다. ▢ 모양 추의 무게를 구해 보시오. (단, 같은 모양의 추끼리는 무게가 같습니다.) 7

7 21

10 여러 가지 모양 카드를 보고 벤 다이어그램에서 색칠한 부분에 들어갈 모양 카드는 몇 장인지 구해 보시오. 4장

원 모양이 있는 카드 줄무늬 모양이 있는 카드

수고하셨습니다!

18

정답과 풀이 44쪽

09 • 삼각형 모양 추 1개, 원 모양 추 1개 ➡ 7
• 삼각형 모양 추 1개, 원 모양 추 1개, 사각형 모양 추 2개 ➡ 21

사각형 모양 추 2개의 무게는 21 − 7 = 14이므로 사각형 모양 추 1개의 무게는 7입니다.

10 색칠한 부분은 원 모양이 아닌 줄무늬 모양이 있는 카드이므로 4장입니다.

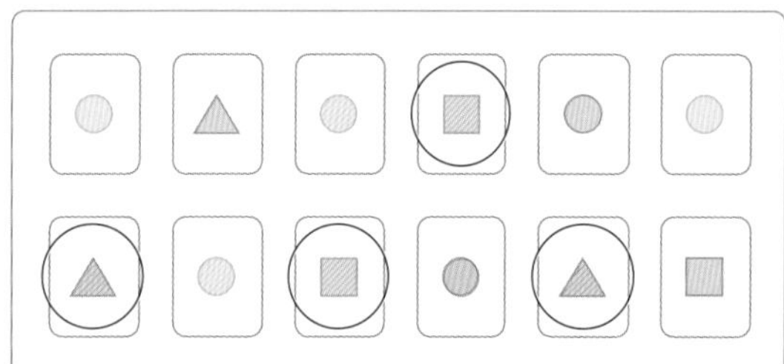

총괄평가

Lv.❷ 응용B

01 규칙을 찾아 ㉮, ㉯에 알맞은 수를 각각 구해 보시오. ㉮: 17, ㉯: 21

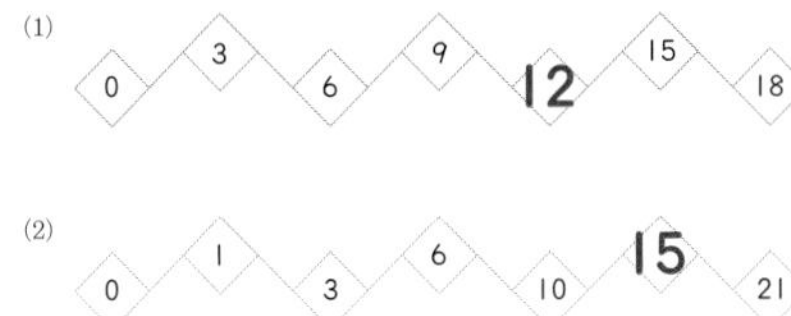

02 규칙을 찾아 빈 곳에 알맞은 수를 써넣으시오.

(1) 0, 3, 6, 9, 12, 15, 18

(2) 0, 1, 3, 6, 10, 15, 21

03 도형 안에 쓰인 수가 약속 과 같은 규칙으로 바뀌어 나올 때, 안에 알맞은 수를 써넣으시오.

약속
(1) ➡ [24]　　[1] ➡ 5
(3) ➡ [8]　　[2] ➡ 6
(4) ➡ [6]　　[3] ➡ 7

(6) ➡ [4] ➡ 8

04 다음은 디지털 숫자로 만든 식을 거울에 비춘 모양입니다. ㉮와 ㉯의 합을 구해 보시오. 43

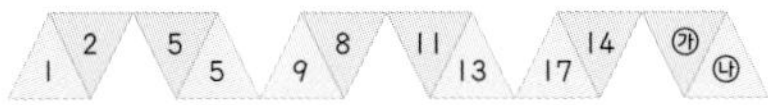

01 분홍색 칸에 있는 수는 3씩 커지는 규칙입니다.
따라서 ㉮는 $14+3=17$입니다.
노란색 칸에 있는 수는 4씩 커지는 규칙입니다.
따라서 ㉯는 $17+4=21$입니다.

02 (1) 0부터 시작하여 3씩 커지는 규칙이므로 빈 곳에 알맞은 수는 $9+3=12$입니다.
(2) 늘어나는 수가 1씩 커지는 규칙이므로 빈 곳에 알맞은 수는 $10+5=15$입니다.

03 ① ◯ 모양 안에 들어가는 수와 나오는 수의 곱은 항상 24입니다.
따라서 (6) ➡ 4입니다.
② □ 모양에서 나오는 수는 들어간 수보다 4 더 큽니다.
따라서 (6) ➡ [4] 이므로 [4] ➡ $4+4=8$입니다.

04 거울에 비추기 전의 식은 다음과 같습니다.
㉮$+23=50$ ➡ ㉮$=50-23=27$
$80-64=$㉯ ➡ ㉯$=16$
따라서 ㉮와 ㉯의 합은 $27+16=43$입니다.

총괄평가 Ⅰ

Lv.2 응용 B

05 주어진 점을 이어 그릴 수 있는 크기가 서로 다른 정사각형은 모두 몇 가지인지 구해 보시오. (단, 돌리거나 뒤집어서 겹쳐지는 것은 한 가지로 봅니다.) **3가지**

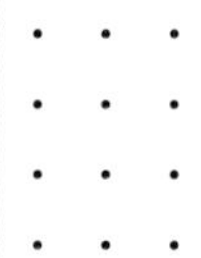

06 다음 그림에서 찾을 수 있는 크고 작은 삼각형은 모두 몇 개인지 구해 보시오. **12개**

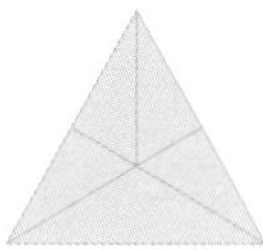

22

07 올해 하연이는 12살, 지은이는 3살입니다. 표를 이용하여 하연이의 나이가 지은이의 나이의 2배가 되는 것은 몇 년 후인지 구해 보시오. **6년 후**

	올해	1년 후	2년 후	3년 후	4년 후	5년 후	6년 후
하연이의 나이(살)	12	13	14	15	16	17	18
지은이의 나이(살)	3	4	5	6	7	8	9

08 버스에 승객들이 있습니다. 첫째 번 정류장에서 4명이 타고 2명이 내렸습니다. 둘째 번 정류장에서 8명이 타고 3명이 내렸습니다. 둘째 번 정류장을 지나고 승객 수를 세어 보니 11명이었습니다. 처음에 타고 있던 승객은 몇 명인지 구해 보시오. **4명**

23

05 만들 수 있는 서로 다른 모양의 정사각형은 모두 3가지입니다.

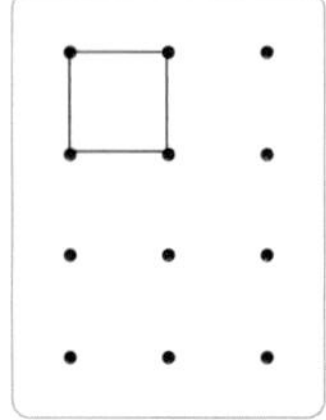
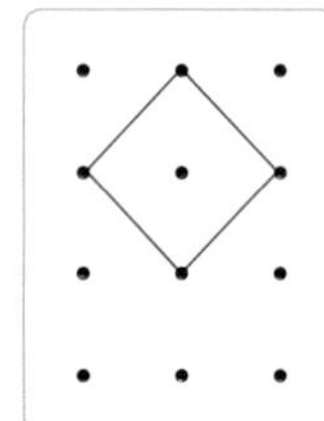
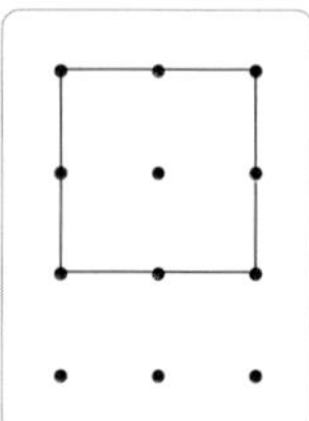

06 크고 작은 삼각형을 모두 찾아봅니다.

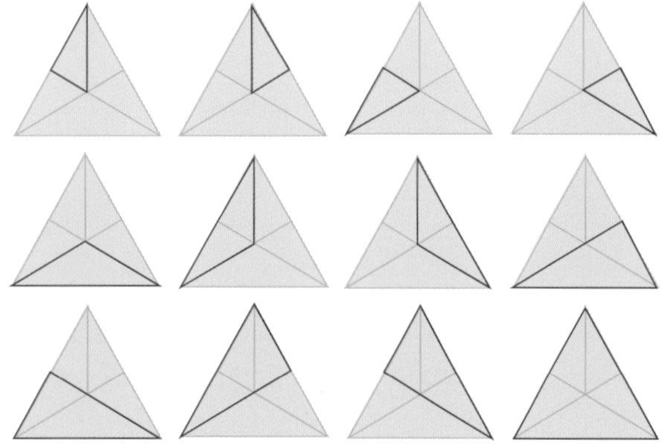

07 하연이의 나이와 지은이의 나이를 표로 나타냅니다.

	올해	1년 후	2년 후	3년 후	4년 후	5년 후	6년 후
하연	12살	13살	14살	15살	16살	17살	18살
지은	3살	4살	5살	6살	7살	8살	9살

따라서 6년 후에 하연이의 나이는 지은이의 나이의 2배가 됩니다.

08 둘째 번 정류장을 지나고 승객 수가 11명이었으므로
둘째 번 정류장을 지나기 전은 $11+3-8=6$(명)이고
첫째 번 정류장을 지나기 전은 $6+2-4=4$(명)입니다.

총괄평가 Lv.2 응용 B

09 지민이와 재연이가 다음과 같이 과녁에 화살 쏘기를 하였습니다. 지민이는 5번을 쏘아 35점을 얻었고, 재연이는 7번을 쏘아 45점을 얻었습니다. 초록색 과녁과 노란색 과녁은 각각 몇 점인지 구해 보시오. 초록색 과녁: 5점, 노란색 과녁: 10점

지민　　재연

10 바둑돌을 한 변에 10개씩 놓아 정사각형과 정삼각형을 1개씩 만들려고 합니다. 정사각형을 만드는 데 필요한 바둑돌은 정삼각형을 만드는 데 필요한 바둑돌보다 몇 개 더 많은지 구해 보시오. 9개

10개　　10개

수고하셨습니다!

24

정답과 풀이 47쪽

09 초록색 과녁의 점수를 ㉮, 노란색 과녁의 점수를 ㉯라고 할 때,
지민: ㉮㉮㉮㉯㉯ ➡ 35점
재연: ㉮㉮㉮㉮㉮㉯㉯ ➡ 45점
같은 부분을 찾아 빼면 ㉮㉮는 10점입니다.
따라서 ㉮는 5점, ㉯는 10점입니다.

10
- 정사각형의 한 변에 놓인 바둑돌이 10개이므로 한 묶음의 바둑돌의 수는 9개입니다.
  따라서 정사각형을 만드는 데 필요한 바둑돌의 개수는
  $9 \times 4 = 36$(개)입니다.
- 정삼각형의 한 변에 놓인 바둑돌이 10개이므로 한 묶음의 바둑돌의 수는 9개입니다.
  따라서 정삼각형을 만드는 데 필요한 바둑돌의 개수는
  $9 \times 3 = 27$(개)입니다.

정사각형을 만드는 데 필요한 바둑돌은 정삼각형을 만드는 데 필요한 바둑돌보다 $36 - 27 = 9$(개) 더 많습니다.

MEMO

MEMO

MEMO

창의사고력
초등수학

팩토

팩토는 자유롭게 자신감있게 창의적으로
생각하는 주·니·어·수·학·자입니다.

Free Active Creative Thinking O. Junior mathtian

논리적 사고력과 창의적 문제해결력을 키워 주는

매스티안 교재 활용법!

대상	창의사고력 교재		연산 교재
	팩토슐레 시리즈	팩토 시리즈	원리 연산 소마셈
4~5세	 팩토슐레 Math Lv.1 (6권)		
5~6세	 팩토슐레 Math Lv.2 (6권)		소마셈 K시리즈 K1~K8
6~7세	 팩토슐레 Math Lv.3 (6권)	 팩토 킨더 A,  팩토 킨더 B,  팩토 킨더 C,  팩토 킨더 D	
7세~초1		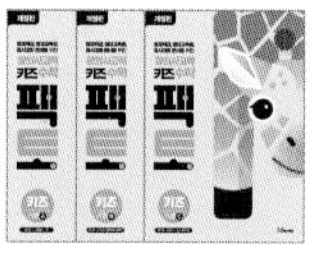 팩토 키즈 기본 A, B, C 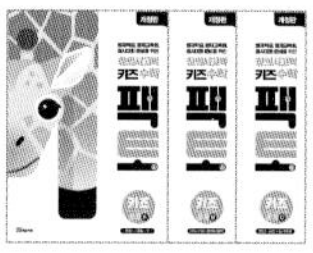 / 팩토 키즈 응용 A, B, C	 소마셈 P시리즈 P1~P8
초1~2		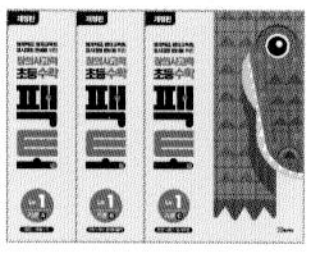 팩토 Lv.1 기본 A, B, C 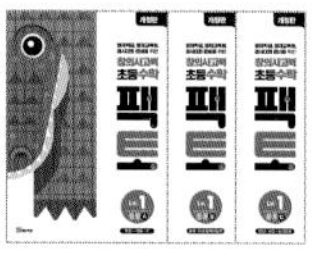 / 팩토 Lv.1 응용 A, B, C	 소마셈 A시리즈 A1~A8
초2~3		 팩토 Lv.2 기본 A, B, C 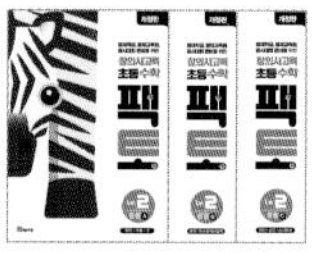 / 팩토 Lv.2 응용 A, B, C	 소마셈 B시리즈 B1~B8
초3~4		 팩토 Lv.3 기본 A, B, C 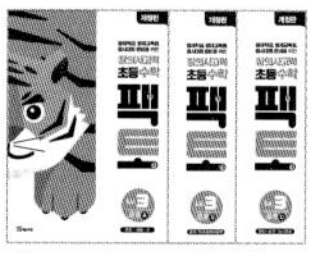 / 팩토 Lv.3 응용 A, B, C	 소마셈 C시리즈 C1~C8
초4~5		 팩토 Lv.4 기본 A, B  / 팩토 Lv.4 응용 A, B	 소마셈 D시리즈 D1~D6
초5~6		 팩토 Lv.5 기본 A, B  / 팩토 Lv.5 응용 A, B	
초6~		 팩토 Lv.6 기본 A, B  / 팩토 Lv.6 응용 A, B	